JN278905

なぜ牛は狂ったのか

COMMENT LES VACHES SONT DEVENUES FOLLES

Maxime Schwartz
パスツール研究所・元所長
マクシム・シュワルツ

東京大学名誉教授
山内一也●監修

南條郁子・山田浩之●訳

紀伊國屋書店

なぜ牛は狂ったのか

Maxime Schwartz

COMMENT LES VACHES SONT DEVENUES FOLLES

Copyright © ÉDITIONS ODILE JACOB, MARS 2001
This book is published in Japan
by arrangement with ÉDITIONS ODILE JACOB
through le Bureau des Copyrights Français, Tokyo.

近年の研究によって、細菌やウイルスの影響も人類にとってはもはや脅威ではなくなったかに見える。だがそれは、過去数世紀にわたる自然の変化の過程で、ウイルス性、あるいは伝染性の病気が発生する機会が存在しなかったとすればの話である。むろん、そのようなことはとうてい考えられない。

一八八一年二月二十八日
ルイ・パスツール

したがって、新たな病気が登場する。もはや避けようのない事実なのだ。そして、もうひとつの避けがたい事実がある。新たな病気が登場した時点では、その病気の正体を突きとめることが不可能である、ということである。これらの病気が私たちの目に触れるとき、すでにその病気は完成されており、いわば成熟した存在となっているのだ。病気は現れる。ゼウスの頭より全能の武器を引き出し、現れたアテナのごとく。

一九三三年、シャルル・ニコル
(チュニス・パスツール研究所所長、一九二八年ノーベル医学・生理学賞受賞者)

❖目次❖

装丁——山田英春

プロローグ

これまで一般には知られることもなかったクロイツフェルト・ヤコブ病が、このところ連日のようにメディアを騒がせている。だれもが不安を覚えているこのクロイツフェルト・ヤコブ病とは、いったいどのような病気なのか？　この病気は「散発性」「遺伝性」「医原性」「新型」などといわれるが、これはなにを意味しているのか？　いわゆる狂牛病（牛海綿状脳症、ＢＳＥ）や、ときおり話題にのぼる羊の病気「スクレイピー」と、なにか関わりがあるのか？　クロイツフェルト・ヤコブ病が牛から人間にうつったものだとすれば、羊の病気も人間にうつるのではないか？　それはつまり、クロイツフェルト・ヤコブ病が感染症だということではないか。ならば、人間から人間へもうつるのではないか？　病原体は？　バクテリアでもウイルスでもないというが……。では、なにが原因なのだ？　動物や人間が感染しても、感染したことすらわからず、有効な予防接種もなく、適切な医薬品によって病気を根絶することもできないというのか？　そもそも牛はどうして狂ってしまったのだ？　動物性の飼料を与えたのが原因ともいわれているが……。政府による飼料の規制によって、ほんとうにこの病気の流行を食い止めることができるのか？　それまで私たちはどのように自分の身を守ればいいのか？　牛肉や牛乳を口にしても平気なのか？　人間への被害はどのくらい出ているのか？　犠牲者の数は数十人なのか、それとも数百人なのか？

増えていくばかりの疑問に、だれもが悩まされている。そして、残念なことではあるが、科学によって答えられるのは、これらの質問のなかでもごく一部のものにすぎない。科学的にもまだ未解明な点が多く、なにひとつ断言できないために、人々の不安は増大し、妄想へと育っていく。

フランスでは二〇〇〇年末にいわゆる「狂牛病パニック」が未曾有の規模に達した。おそらくは、二十世紀末における最大級の事件といってもよいだろう。この問題にはさまざまな要因が結びついている。広く知れわたったひとつひとつの事実とは別に、客観的に見ても不安を呼び起こしかねない要素が重なったのだ。疫学の専門家による予測もそのひとつである。彼らによれば、イギリスでは十万人を超える人間が犠牲者になる可能性があるという。さらに、フランスにおいては牛海綿状脳症に感染する牛も増大する一方だともいう。さらに、科学的に導かれた結論として、輸血による感染すらほのめかされている。二〇〇〇年十一月末、それまでは狂牛病とは無縁であるとみなされていた国ドイツとスペインで感染した牛が見つかるにいたって、まさにパニックとも呼べる状態がヨーロッパ全体に広がることになった。牛を原料とする製品への不信は、農生産物すべてに対する不信へと拡大した。もはや危険のない食物が存在することすら疑わしくなってしまった。いまや経済的、政治的にどれほどいちじるしい影響が出てもおかしくない状況へと陥ってしまったのである。

さらに別の事件が混乱に拍車をかけた。狂牛病パニックに重なったのは別の悲劇である。成長ホルモンの投与を受けていた子どもたちが、クロイツフェルト・ヤコブ病に感染していたというのである。この悲劇が起きたのは、アメリカで最初の症例が確認された一九八五年のことである。その後、とくにフランスにおいて、毎年のように症例が確認されることになった。現在、この事件は訴訟に発展し、予審中となっている。人々の疑問は深まった。子どもたちの成長を助けるための治療なのに、どうして致死性の病が植えつけられたりしたのだ？

クロイツフェルト・ヤコブ病は恐怖そのものとなっている。致死性の難病であり、中枢神経を冒し、人格を奪い、意識そのものまでを奪ってしまうのだ。いつの日か、感染経路すらわからず、自分がいつ感染するかもわからないという不安に、だれもがおびえている。

パニックに陥らないためには、自分の耳に届く不安に満ちた情報を理性的に判断する必要がある。すなわち、いささか謎に満ちたこの〝敵〟について、もう少し知識を深め、この病気がどこから始まったのか、どのように感染するのかを理解すればいい。病気の起源と発展についての追求は、まるで推理小説のような物語が現れる。そして、その物語の始まりは、はるかな昔へとさかのぼることになる。

ルイ十五世（在位一七一五～一七七四）の時代、この〝敵〟はすでに姿を見せていた。

最初にその姿を垣間見せたのはイギリスにいる羊の体内であった。この病気は触れるものすべてに死をもたらした。そして、それからも絶えず姿を変えては、追手の目を逃れてきた。ほぼ三世紀にもわたって正体を明かすことがなかったのである。そして、いまもなおイギリスをはじめとして、数多くの国々で追跡は続けられている。フランス、ドイツ、アメリカはもとより、スイス、オーストリア、イスラエル、オーストラリア、そして、地球の対極的な場所に位置するアイルランドとニューギニア。〃敵〃が姿を現すたびに、より近代的な科学の力が追いつめようとする。だがそのためには、はるか石器時代にまでさかのぼるような、遠まわりも必要であった。

追手が迫っているのに気づいたのか、〃敵〃は幾度となく反撃に出た。そして、数多の犠牲が生じ、恐怖が広がることになる。

いまや〃敵〃の正体は完全に暴かれたのだろうか？　多くの者がうなずくが、疑いを示す者も少なくはない。正しき裁きが下されるべき時が来たのだ。

1 羊たちの奇妙なめまい

ルイ十五世が統治し、やがてフランス革命とともに幕を下ろす十八世紀は、啓蒙の時代でもあった。科学の進歩によって、人間がまわりの世界を支配できるようになるはずだと考えられた。雷を制することができたのは避雷針のおかげではなかったか？　リンネ（一七〇七～七八）、ビュフォン（一七〇七～八八）、ディドロ（一七一三～八四）らに見られるように、豊かな自然の産物や現象をすべて記録し、それらを正当な理由をつけて利用しようとした時代である。

このような動きはとくに農業と畜産の分野において顕著であった。生産性は日増しに向上した。地主たちは互いに手を結びあう。農業関連の団体、学会が創設され、農地の経営に関連する問題が活発に議論され、さまざまな情報や文書が頻繁にかわされた。イギリスではエンクロージャー（囲い込み）政策の一般化によって、小規模地主が排斥され、大地主が長期にわたる資本の手段を獲得するにいたった。畜産の分野ではもっぱら餌の質と家畜の飼育状態の改良によって、生産性の高い品種を選別することに注意が向けられた。

このような近代化の恩恵を最初に受けたのが牧羊業である。羊毛の生産はイギリスにとどまらずヨーロッパ全体においても、莫大な投資のかかった賭けであった。なにしろ当時のイギリスでは、人口の約四分の一にあたる人々が、大なり小なり羊毛の生産、あるいは流通に関わっていたのである。利益の追求はとどまることがない。つぎの世紀の末、フランスの著名な獣医師は、牧羊の目的が食肉の生産に変わってきたことを認めながらもこう記している。

羊毛は現代社会の物質的な充足の基盤のひとつである。つまり、こう主張することもできよう。羊毛を大量に生産する人間こそ、豊かな人間であり、力をもった人間なのだ、と。五十年以上もまえから、羊毛の生産は黄金の雨となってヨーロッパにふりそそいできた。ドイツとロシアはこの羊毛によって、それまで知ることのなかった幸福を手に入れるようになり、また当然のごとく、つぎなる幸運にも期待することになる。イギリスについていうならば、無数のメリノ羊こそが、植民地の富と商業の繁栄の源であるというべきであろう。(1)

羊毛を生み出す羊が丁重にあつかわれている以上、羊たちを冒すさまざまな病気に対しても細心の注意が払われていたとしても当然であろう。羊がかかりうる病気をすべて洗い出す必要があった。むろん、羊を病気から守ることを期待してのことである。

こうして一七三〇年代、〝敵〟の存在が初めて報告されることになった。この事実は、コマーという名の貴族によって一七七二年に記された文書によっても明らかにされている。以下の文書は彼が

「くる病（リケット）」と呼んだ羊の病気についての説明である。

この病気の第一段階で見られる主な症状は、理性を失ったかのような行動をとることである。飼主や羊飼い、あるいは見知らぬ人間が近づくと、羊がかなり荒々しいそぶりを見せる。突然寝ぐらから飛び起き、犬に追いかけられたときのように疾走しはじめる。…第二段階で見られる主な症状は、体毛が抜け皮膚を傷つけるほど激しく木の幹や支柱に身体をこすりつけることである。…病気にかかった羊は激しい痒（かゆ）みを覚えているらしい。…だが、皮膚にはいかなる発疹（はっしん）も認められないのである。…最後の第三段階になると、羊は自然にも見放されたかのように愚鈍になり、群れを離れ、よろよろと歩き、…多くの場合、横たわったまま立ち上がろうともせず、餌もほとんど口にしなくなる。これらの症状がしだいに悪化し、やがて極度に痩（や）せ細った状態となり、死にいたる。…

この病気が感染性であるとは思えないが、むしろ遺伝的な病気ではないかと不安を覚えている。母羊、あるいは父羊から受け継がれる病気ではないのかと考えているのだ。ほかの遺伝的な病気と同じく、一世代は完全に姿を隠し、…そして、突然もとのような激しさで現れるようにみえる。…たしかなことがひとつある。それは、この病気にかかった羊が治癒することはありえない、ということだ。もうひとつたしかなことは、幼い時期にこの病気を免れた羊は、その後もこの病気にはかからない、ということである。…

一般に、この病気は四十年ほどまえからイギリスに現れていたと考えられている。この州の羊飼いたちは、この病気が隣州であるリンカーン州よりもたらされた病気であると主張している。[2]

一七七二年の四十年まえであれば、一七三二年であろう。

十八世紀の前半にリンカーン州にも別個に同じ病気が存在したという情報は、一七五五年に同州の牧羊業者によって下院議会に提出された報告書に記されている。[3] この報告書のなかで、十年まえから羊たちが「くる病（リケット）」、あるいは「震え病（シェイキング）」と呼ばれる病気にかかっていること、この病気が雄羊を経由して伝えられていること、そして、発病する一年から二年まえには羊の「血中」に潜伏していることが多いが、いちど発病すれば回復することはないことが述べられている。牧羊業者たちは家畜の仲買人を対象に適切な対策がとられることを望んでいた。というのは仲買人たちは、羊の商取引を独占し、病気の羊も健康な羊も区別せずに売買していたからである。

このように〝敵〟について初めて二件の報告があってからというもの、この病気の存在についての記録は十九世紀末までに、イギリスはもとより、ドイツ、フランスでも何度となく現れることになる。また、奇妙なことに、この病気は定期的に再発見されたらしく、そのためにさまざまな名称がつけられることになった。それでも、十九世紀末になると、イギリスでは「スクレイピー」という名称で落ちつくことになった。

同じ病気が再発見されるまで「忘れられて」いたのは、この病気が恥ずべきこととみなされ、牧羊業者たちによって入念に隠しとおされてきたことに主たる原因があるだろう。一頭でも発病した羊がいれば、すべての羊が疑われ、その価値がいちじるしく低下する。そのようなことになれば、牧羊業者にとっては経済的な破滅であり、信用まで傷ついてしまうのだ。発病した羊を目にすれば、だれでも動揺する。発病の最終的な段階にあればなおさらである。そのことを覚えておく必要があるだろう。さてここで、一九三七年にフランスの偉大な獣医師であるベルトラン、カレ、リュカンの三人によって記された描写を紹介しよう。一世紀半まえになされたコマーの報告よりは詳しいが、たしかに同じ病気であることがおわかりいただけるはずである。

> 発病とともに、羊は激しく身体をこすりつけはじめる。尾や尻、腰、背中を壁や秣桶(まぐさおけ)にこすりつけるのである。犬のように坐りこみ、腿(もも)の後ろ側を地面にこすりつけることもときおり見られる。後肢(うしろあし)をもちいて頭部や前軀(ぜんく)を掻(か)く。歯で脚部を掻きむしる。たえず全身の激しい痒(かゆ)みに悩まされた羊は、もはや手段を選ばずにひたすら身体を掻きむしりつづける。……
>
> このような症状を見せる段階における皮膚の状態を確認しても、いかなる病変も認められないであろう。柔軟さ、きめの細かさ、色合い、いずれも健康な状態の羊の皮膚と変わるところはなく、痒みを皮膚の異常に帰することは不可能である。
>
> 発病した羊はおびえたようすをし、とりみだしたような目をしている。理由もなく、突然おびえたように走りだす羊も少なくない。病気の羊だけがいる羊小屋のような場所で羊に気づかれないように観察していると、羊はしばらく遠くの物音に注意を向けるように、頭を上げ、耳を立て、一点

を見つめたまま不動の姿勢のままでいる。そして突然、跳ね上がると、なにかしら危険が迫ったとでもいうように、狂ったように逃げ出してゆく。その走り方はかなり特徴的である。頭をきわめて高く上げ、前肢を前方に投げ出し、地面を深々と掻きながら駆けるのである。……

鳴き声も変化し、細かくふるえ、弱々しく曖昧な音になる。発病した大半の羊は、かすかに触れられただけでも、身ぶるいを、あるいは持続性の激しい痙攣（けいれん）を見せる。とくに後軀（こうく）に触れられた場合にいちじるしい。また、人間や犬が近づいた場合も同様の反応を見せる。部分的な、あるいは全身の筋肉の痙攣を起こすことから、この病気は「痙攣病（トランブラント）」と名づけられた。……

第二段階の特徴となるのは、頭部と筋肉組織の極度の痙攣、全身の衰弱、皮膚をこすりつけたことによる二次的な傷であり、そして新たな症状となる運動失調である。……それまではたもたれていた食欲も衰えはじめる。体重が減り、筋力も衰える。全身衰弱の始まりである。痩せる度合がしだいに高まり、その度合が最大に達したところで死期を迎える。……痒みはしだいに激しさを増し、自分の身体を傷つけることすらいとわずに、身体をこすりつけ、歯で掻きむしる。たえず皮膚をこすりつけているために、体毛は傷み、房状にからまり、ついには広範囲で完全に脱けきってしまう。このように無毛状態になった皮膚は炎症を起こして赤く腫（は）れあがり、皺（しわ）が寄り、瘡蓋（かさぶた）で覆いつくされる。すり傷、掻き傷が目につくようになり、化膿（かのう）が広がることになる。

やがて、羊は哀れなほどに痩せ細り、生え残ったぼさぼさの体毛と、みすぼらしい姿になりはてる。

この段階では運動失調が認められる。しだいに歩行も不安定になり、ためらうようなそぶりが見られる。群れの動きについてゆけず、つねに離れた場所にいる。一歩進むごとによろめく。運動の障害はとくに、硬直した後肢にみられる。…急がされると、前肢が速歩(はやあし)、後肢が駆歩(かけあし)といった具合に身体全体の動きが秩序を失ってしまう。…そして、頻繁に転倒するようになる。

第三段階に入ると、これまでに記したすべての症状が悪化する。…歩くときには酔漢(すいかん)のような千鳥足(ちどりあし)になるが、ほとんどの時間は、片隅に横たわっている状態を好むようになる。むりに立たせると、揺れる床でバランスをとろうとしているかのように、四肢を広げ、頭を下げ、ゆっくりと胴をゆらした状態でじっとしている。それから、よろよろと蛇行しながら、片隅に向かうと、崩れるように倒れこむ。このときに苦しそうに鳴き声を上げることが多い。

最後の第四段階になると、もはや立たせることも移動させることも不可能であり、羊は膝(ひざ)をすりながら這(は)いまわることしかできなくなる。極度に痩せ衰えており、すでに食欲は完全に消失している。体力を消耗し、悪臭を放つ下痢(げり)が頻繁にみられるようになる。羊は完全に横向きに倒れた状態のままになる。ときおり、四肢を動かすこともある。このことは、羊が麻痺状態とは無縁であることを意味している。…体温が下がり、体力が衰えきった状態であり、苦しむことすらなく死を迎える。

なお、病状が進行するあいだも発熱反応は見られなかった。…

初期症状が現れてから死にいたるまでの期間は六週間から六ヵ月である。平均としては約三ヵ月

であろう。(4)

以上の描写には十八世紀初頭から何人もの観察者から報告されてきた症状がくり返し出てくる。しかし、各症状の重さがそのときどきで異なっていたため、ひとつの病気に複数の異なる病名がつけられることになったのである。英語での病名「スクレイピー」は、「こする、すりつける」を意味する動詞「スクレイプ」を語源としており、発病した羊が耐えがたい痒みに襲われ、毛が抜けるほど激しくあちこちに身体をこすりつづける症状を示している。それよりも以前にフランスでつけられた病名「腰部痒疹（ようぶようしん）」に相当するものであろう。もっとも、フランスでは、「痙攣症（けいれんしょう）」「狂い病」「神経病」「蹌踉病（そうろうびょう）」「腰部神経痛」「震え（ふるえ）病」など、むしろ神経学的な命令系統に異常が出る症状が強調された病名がつけられることが多く、ようやく定着した病名も「痙攣病（トランブラント）」となっている。神経系が冒されることが重視されてきたのである。この観点は別の名称にもとりいれられ、フランスではいささか詩情も加えられて「羊のめまい（病）」とも名づけられることになった。また、ドイツで一般的に使われている「トラベルクランクハイト」という病名は、速歩（はやあし）を意味する「トラベル」を語源としており、発病した羊の動作から名づけられた名称である。このように症状に対する受けとめかたが複数に別れていたために、同一の病気であるという認識が生まれるまでに、少なからぬ時間が必要であった。さまざまな病名が与えられたために、羊のかかる病気として十八世紀初頭までに記録された症状が、ひとつの病気の諸症状であると考えることができず、また、十八、九世紀になってスクレイピーという名の病名の正しい性格についても、ある種の疑念を残すことになってしまった。スクレイピーの症状のなかには、ほかの病気で現れる症状と区別のつかないものが含まれているのも事実である。

スクレイピーそのものに対する不確かさもあり、スクレイピーが西ヨーロッパへもたらされた年代を特定することはきわめて困難である。ある者は、スペインから輸入されたメリノ羊が原因だと考える。高品質の羊毛生産のために実現したこの羊の輸入は、イギリスでは十八世紀初頭におこなわれたが、フランスへは十八世紀末から始まった。両国でスクレイピーが発見された時期と重なっているのだ。だが、メリノ羊との関連を否定する者たちもいる。牧羊への関心が高まってきた時期に、偶然メリノ羊が輸入されたにすぎない、羊に対する関心が高まったからこそ、この病気が発見されることになったのだというのである。いずれにせよ、メリノ羊がイギリスとフランスに輸入されるよりも以前に、ドイツと中央ヨーロッパにスクレイピーが存在していたことについては、大半の者がこれを認めている。

当時の牧羊業者、獣医師にとって最大の課題は、この病気からどのように逃れるかであった。スクレイピーは群れによっては五パーセントから一〇パーセントの羊を発病させるほどの被害をもたらしていた。発病すれば死は免れず、いかなる薬物も効果はない。羊たちを守るには、スクレイピーを発病する原因を突きとめる必要がある。だが、この原因については、意見がまとまることはなかった。スクレイピーは感染症であるとみなす者がいれば、遺伝病であるとする者、環境、餌、飼育状況といった要因が原因だと主張する者もいたのである。

感染症であるという説を唱えたひとりであるドイツ人は、一七五九年に発表した著書のなかで、スクレイピーを発病した羊が一頭でも出た場合、牧羊業者のとるべき最善の策は、すぐにその羊を群れからはなし、殺し……その肉を使用人に食させよ、などと述べている。この著者はさらに、発病した羊は即座に隔離しなければならないとも付け加えている。この病気が伝染性であり、群れにいるほかの羊に深刻な被害が及ばないようにする、というのがその理由であった。

この伝染病説を完全に否定している者も存在した。たとえば、一定の群れのなかで、ある雄羊から出た家系の羊が発病し、別の雄羊の家系では発病した羊がいないことに注目し、スクレイピーが遺伝病であると結論づけたのである。

伝染病説も遺伝病説も信じない者たちのなかに、レツィウスという人物がいた。このレツィウスの見解が、一八二七年に報告されている。

レツィウス氏はそのきわめて正確な観察から以下のような結論を導き出した。羊のめまいは交配の際に誤った方法がとられたことに起因する。この病気にかかるのはもっぱら、気質の激しい雄羊を父とする羊だけである。一般に、雄羊が過度の興奮状態にある場合、その羊の生殖本能を満足させる行為は人間の手によって妨げられることが多い。このような状態にある雄羊が、一日に一頭、あるいは二頭の雌としか交配できないということになれば、その子孫の多くがめまい病を発病することになろう。交配の相手となる雌羊の数が多くなれば、子孫の発病数は減少する。すなわち、十分に頭数のいる群れのなかで、競争相手のいない状態にしておくかぎり、その雄羊の交配によって生

まれた羊が発病することは皆無となると考えられよう。(5)

つまり、スクレイピーは発病した父親の性的なフラストレーションが原因だというのである。フランス、アヴェロン県サン＝タフリックの獣医師ロシュ＝リュバンの唱えた説は、レツィウスとは異なるものであった。ロシュ＝リュバンは一八四八年にこう記している。

したがって、この地方ではスクレイピーの発病する原因は以下のとおりとなる。雄羊の過度の交配、雄羊同士での激しい争い、刺激性の飼料の連続投与、急激な運動、犬に追われた際の疾走、激しい雷鳴、毛の刈り取り後に時間をおかずに強い日光をあびること、不妊期の雌羊における頻繁な発情。

また、以下の場合にも発病が認められる。すなわち、難産後や妊娠初期における流産後、あるいは腸内の炎症の回復期、壊疽のために乳房の組織の切除後、そして、慢性化した疥癬が急激な変化を見せたのちである。

以上に述べた要因がなにひとつ存在しない場合に発病した例はなかった。おそらくは、これらの要因が組織に変調をもたらした結果、神経系がゆるやかではあるが漸進的な反応を示すことになるのであろう。(6)

この分析も今日からすれば、児戯（じぎ）に等しい内容である。驚くべきことは、比較となる複数の要素、学術用語でいうところの「対照群」が欠如している点であろう。実際にどの羊が、ロシュ＝リュバン氏の列挙したどの要因にあてはまるのか？　犬に追いかけられた、あるいは雷鳴を耳にしたのはどの羊なのか？　それに、これらの要因をもつすべての羊がスクレイピーを発病しているわけではない。この分析結果を読むと、当時の科学者によって導き出された結論が、厳密なデータではなく、思いこみに基づいたものであるということがよくわかる。たとえば、雄羊の性生活を何より重要な原因とみなして、欲求不満のせいだといったり、性欲過多のせいだといったりするのは、その人の道徳観や宗教観が如実に反映された結果であろう。

一八四八年、ロシュ＝リュバンがスクレイピーについての観察記録を発表したのと同じ年、科学アカデミーに『結晶の形と化学組成のあいだに存在しうる関係、ならびに、旋光性の原因について[7]』と題された覚書きが提出された。やがて人間と動物を問わず医学の研究を根底から揺るがす発表をおこなう人物、ルイ・パスツールの最初の発表である。パスツールがその著作物のなかでスクレイピーについてふれることはいちどもなかったが、彼の諸研究によって理論的なアプローチの手法が確立されたことはたしかであろう。スクレイピーの研究はこの手法によって今日まで刻まれることになる。パスツールや彼の弟子らによる研究があるからこそ、真に科学的な方法でスクレイピーの原因の追求にとりかかることができるようになったのである。

2 分子と細菌

パスツールの初期の研究は、今日「物理化学」と呼ばれる分野に属する内容であった。それまでにも科学者たちの手によって、固体、液体、気体にかかわらず、すべての物質は、さまざまな原子が結合した分子から構成されていることが明らかにされていた。いわゆる「純」物質は一種類の分子によって構成されており、その分子はきわめて特殊な結び付きによってつながった一定数の原子が含まれている。たとえば、一七八三年から八五年にかけてラボアジェが証明したように、水の分子は酸素原子一つと水素原子二つから構成されている。パスツールは水よりもやや複雑な化合物であり、発酵用の桶（おけ）に沈殿（ちんでん）する酒石酸塩を研究することで、ひとつの分子がかならずしも物体を構成する原子と、その原子どうしの結び付きによって定義されるものではないという結論を導き出した。分子中の原子の立体的な配列も同様に重要な役割を果たしているのだ。同じ原子から構成される分子に（左向きと右向きの）二種類の形状があるため、酒石酸塩にも二つの形態が存在する。この二つの分子は、人間の左右の手のようにそれぞれは左右が非対称だが、互いに左右対称な形状をしている。

酒石酸塩の分子が非対称であるということは、それぞれの分子の溶液の光学的な特性（直線偏光の偏光面を回転させる性質、旋光性）にはっきりと現れる。パスツールはこの効果を測定することによって、化合物の多くもまた、酒石酸塩と同じように非対称な分子から構成されていることを確認したが、確認されたのはいずれも植物や動物を起源とするものであった。その理由は、今日からみれば理解できる。というのは、問題になっている非対称性は炭素原子のきわめて特殊な性質に起因しており、その炭素原子はあらゆる有機分子（生物によってつくられた分子）に含まれているからだ。パスツールの目には、非対称性は生命の象徴として映った。そして、発酵（はっこう）という分野での研究にとりかかり、やがて、感染症の分野へ研究を進めることになる。

古代から知られている発酵という現象は、パン、ワイン、その他さまざまな食物、酒類の製造に広く応用されている。しかし、パスツールが研究に乗り出した時点では、発酵の仕組みはいまだ闇につつまれたままであった。十七世紀末にはすでに顕微鏡が発明されており、発酵がおこなわれている環境に微生物が存在していることも確認されていた。だが、発酵という現象そのものについては、なにひとつわかっていなかったのである。パスツールは、発酵にともなって、旋光性化合物が出現、あるいは消滅することを観察した。パスツールには、これらの化合物が生物によって生産され、消費されたとしか思えなかった。そして、彼は、発酵は微生物の成長と増殖によるものだと結論づけることになった。それらの微生物を一定の条件下で培養し、培養した微生物を注入することで発酵という現象を自由に開始できることを証明したのである。さらに、もちいられる微生物によって、発酵そのものも異なってくることも明らかにした。ブドウの果汁に含まれる糖分をアルコールに変化させる微生物と、ワインを酢に変化させる微生物が異なるというのである。

発酵を引き起こすこれらの微生物はどこから来たのか？　パスツールはこの問題にとりくまねばならなかった。当時は、生命の基礎の象徴とみなされていた微生物は、生育に適した環境に自然発生すると広く考えられていた。これが自然発生説である。納屋(なや)に置きっぱなしにされた、汚れた下着を詰めた籠(かご)のなかにネズミが自然に発生すると考えられていたのも、それほど昔の話ではなかった。パスツールは厳密な実験に基づき、あらかじめ殺菌しておいた環境に微生物が発生するのは、外部から菌が持ち込まれたためであることを証明した。菌、つまり微生物は多くの場合、空気にうかぶ目に見えない小さなほこりとともに運びこまれる。こうして、パスツールは経験則に基づく自然発生説を根底から葬り去ったのである。

自然発生の真偽についての問題が解決すると、研究は発酵の問題から伝染病の問題へと移ることになった。

パスツール以前にも、この二つの現象の類似性は数多く指摘されていた。だが、パスツールは、驚くべき手法でこの類似性を説明した。もとから含まれている酵母(こうぼ)が沈殿しないようにすると、ブドウ果汁でも発酵は起こらないことを示してみせたのである。「同じように考えれば、予防措置の普及によって、黄熱病やペストのように数多くの人々を苦しめる禍(わざわ)いも、いつの日か撲滅(ぼくめつ)することもできるようになる、そう信じてもよいのではないだろうか？」[1]パスツールはその後、発酵と同じく伝染病もまた微生物に起因すること、病気にはそれぞれ特定の細菌が作用していることを証明する研究に専念することになった。

やがて、パスツールとドイツのロベルト・コッホの研究によって、細菌の病原性の確認のための条件が確立された。特定の病気になった個体にはかならず同じ細菌が存在すること、その細菌が純粋な状態で分離されること、その細菌の作用によって発病が再現されるということである。これらの条件は家畜の病気である炭疽（たんそ）の研究にも適用された。

発病した家畜の血液が黒くなることから「炭疽」と名づけられたこの病気は、羊と牛の飼育に深刻な打撃を与えていた。パスツールとコッホの研究の目的は、この病気の原因が微生物である細菌にあることを突きとめることにあった。この細菌は今日、「炭疽菌」と呼ばれている。感染のメカニズムを研究するパスツールの目のまえに現れたのは、まさに興味ぶかい問題であった。このメカニズムは、まさに現代の狂牛病パニックにもかかわる問題といえるのだ。だが、この点については次章で述べることにする。

炭疽とほかのいくつかの家畜病について研究したパスツールは、ワクチンをつくりだすことで、病気の原因となっている細菌を抑えることができる可能性を提示した。そこで、特殊な環境下で炭疽菌を培養し、新たな菌を手に入れた。その菌は動物に接種されても炭疽を発病させることはない。逆に本来の炭疽菌に抵抗力をもたせるだけの力をもっているのである。炭疽のワクチンの完成は多大な反響をまきおこした。だが、パスツールの理論に疑問をいだく者も少なくはなかった。そこでパスツールは懐疑的な人々を納得させようと、動物だけでなく、人間にも感染する狂犬病の研究にとりかかることを決意した。狂犬病は感染した人間が幻覚に襲われるとして恐れられた病気である。「狂犬病は人間の想像力に影響を及ぼす。狂犬病と聞いて思いうかべるのは、信じがたい病人の姿だ。周囲の者がおびえるほど狂暴になり、常軌を逸したように叫びまわる、あるいはマットレスに挟まれて窒息してしまう[2]」パスツールにとって、狂犬病にうち勝つことは、自分の理論の勝利をたしかなものとすることでもあった。

パスツールが最初にすべきことは、病原菌を特定することであった。彼のとった手法は、何年ものの ち、スクレイピーの研究でもモデルとなった手法である。狂犬病は咬傷から感染する。したがって病原菌は唾液にあるはずだ。パスツールは顕微鏡を駆使し、狂犬病にかかった犬の唾液を観察した。唾液には何種類もの細菌が見られた。だが、それらは健康な犬の唾液にも見られる細菌であった。狂犬病は神経系を冒す。ならば、細菌は神経にいるはずだ。だが、またしても顕微鏡は狂犬病の原因らしき細菌を見つけ出すことに失敗した。だとしても、細菌はかならずどこかにいるはずだ。健康な動物の脳に狂犬病の犬の唾液や、狂犬病で死んだ犬の脳をすりつぶして作った乳剤を移入すれば、その犬も狂犬病を発病する。そして、その犬自身の唾液が、あるいは脳が別の犬に狂犬病をもたらす原因となるのだ。それはつまり、目に見えない細菌が新しい犬にうつるたびに増殖しているということにほかならない。もしこれが細菌でなく生命のない毒物が原因であれば、その毒は動物から動物へと移っていくうちに希釈され、効力を失ってしまうはずだ。パスツールは目にみえない細菌を生きた動物の神経組織のなかで「培養」することに成功したが、培養の環境によっては、失敗することもあった。依然として、この謎に満ちた病原菌はとらえどころがなかった。それでも、パスツールは培養した菌からワクチンを開発することに成功した。狂犬病に感染させたウサギの脊髄からつくりだしたのである。これがパスツール最後の大勝利となった。まさに全世界的な栄光にふさわしい成功であり、「人類の恩人」の称号にふさわしい偉業である。

顕微鏡で見つけることのできない、狂犬病をもたらす細菌とはどのような存在なのだろうか？　この謎を解き明かす鍵が見つかったのは二十世紀も初頭になってからのことである。世紀が変わるとともに、炭疽菌やペスト菌、コレラ菌のように、通常の細菌を採取できるフィルターすら通り抜けてしまうほど小さな細菌が存在することに人々は気づきはじめていた。この顕微鏡ですら判別できないきわめて小さな微生物は「ウイルス」と名づけられた。それまでウイルスという名称は、未解明の病気を感染させる存在すべてをあらわす、かなり曖昧な用語であった。ウイルスは光学顕微鏡では見ることができず、一九三三年に電子顕微鏡が発明されるにいたって、ようやくその姿を観察できるようになったのである。そしてついに狂犬病のウイルスが発見された。だが、パスツールはそのウイルスの姿を見ることなく、半世紀も前にワクチンをつくりだしていたのである。

3 ミミズと狂犬

先述のように、パスツールとコッホは炭疽が細菌によって引き起こされることを明らかにした。では、それは群れのなかでどのように広がったのだろうか？　この問題は一世紀後に、スクレイピーと狂牛病についても問いかけられることになる。

群れによっては炭疽は風土病のような形をとることがある。ときおり、群れのなかの一頭だけが発病するのである。またほかの群れでは、短期間に大量に発病して疫病になることもある。この場合、ある程度の時間をおいて始まり、その後長期にわたって姿を消していることもある。コッホの報告した二つの事実が、これらの現象についての重要な手がかりとなった。ひとつは、増殖に適さない環境にある炭疽菌が芽胞(がほう)をつくりだす、というものである。芽胞とは細菌のとる一形態のことで、非常に抵抗力が強く、眠りについたまま長期間生き延びつづけ、そして、好ましい環境になったとたん、増殖を再開する。もうひとつの手がかりは、彼自身がおこなった、動物の飼料に炭疽菌または芽胞を混ぜることによって病気を引き起こすことができたという実験事実である。つまり、飼料が感染の経路となる可能性があり、場合によっては、何年もまえの芽胞によって感染することもあるのである。

残る問題は、自然界での流れがどのようなものか、とくに、草を食んだ動物たちがかならず炭疽にかかる「呪われた地」がなにを意味するのかを理解することである。パスツールは散策のおりに、あることをひらめいた。「収穫が終われば、麦の切り株だけが残る。パスツールは畑の一部に目をとめた。その部分だけ土の色が変わっていたのである。その土地の所有者の話では、前の年に炭疽で死んだ羊をその場所へ埋めたという。物事はつねに自分の目で見つめることにしているパスツールは、地面の表土にミミズが穴を掘った跡である糞塊が大量にあることに気がついた。地中から地表へと絶えず往き来しながら、ミミズは羊の死骸をつつんだ肥沃な土を地表へ運んでいる。この土に炭疽菌の芽胞が含まれているのではないか……。パスツールは考えるだけで手をこまねいているような人物ではない。彼はすぐに実験にとりかかった。そして、彼の予想が正しかったことが確認された。一匹のミミズの体内に含まれた土をモルモットに与えたところ、モルモットが炭疽に感染したのである[1]」地表にもたらされた芽胞は牧草を汚染し、その牧草を動物たちが食し、炭疽を発病することになる。とくに、藁や穂、アザミなどを餌とした場合、粘膜に小さな傷ができ、そこから炭疽菌が侵入しやすくなる。

こうして、炭疽の伝染については謎がとけた。理論の次元ではこれこそが大事な点である。パスツールの病原説を疑っている者はまだ少なくなかった。「自然発生説」を唱える者たちである。彼らは「病原ウイルス」が住民のあいだで伝播しうることはみとめながら、そのウイルスが最初は生物の体内で、物理的、生理的、栄養的な異状に乗じて自然発生するのだと考えつづけていたのである。ときには事実が彼らの考えを支持しているようにみえることもあった。たとえば炭疽のケースがまさにそうなのだが、パスツールの門下の獣医師エドモン・ノカールが一八八一年に報告したいくつかの例などは、洞察力がなければ、自然発生説を裏づけるものととられかねなかった。ここではその一例をあげておこう。まさに現代の私たちに直接かかわる内容である。

熱意に満ちた新米の農夫の軽率な点は、その土地では使われていなかった化学肥料を最初の年から大量に購入してしまったことである。その年の麦の出来ばえはみごとであったが、翌年には、改良した土壌に羊を放牧するやいなや、ネズミの血（炭疽）が出現し、その年の収入の四分の一を失うことになった。それ以来、この病気による損害が続くのである。(2)

問題の化学肥料は、大企業によって製造されたもので、この企業は二百キロ四方の家畜の遺骸(いがい)を回収しては、そのまま化学肥料の材料にしていた。そのことを踏まえてノカールは、炭疽感染地域で死亡した家畜の遺骸から製造された化学肥料を使用したことによって、深刻な影響がもたらされる可能性を指摘したのである。このエピソードは、まるで一世紀のちの狂牛病における肉骨粉の役割を予知しているようにも受けとれるではないか。

一八七〇年代は、「伝染病説派」を率いる「化学分析家」パスツールと、当時の医師と獣医師を結集した「自然発生派」との論争の舞台となった。自然発生派のなかには当初、アルフォール獣医学校の校長であるアンリ・ブレーの姿があった。ブレーは家畜がかかる病気の原因であるウイルスが自然発生したものであるとの説をくりかえし擁護(ようご)していた。だが、一八七四年になり、ブレーは疑問をいだきはじめる。だが、彼が狂犬病について述べた箇所に触れてみよう。

> 狂犬病は自然発生的に起こるのだろうか？　仮にそうだとすれば、狂犬病拡散の主要な条件とは、いくつかの例外はあるものの、さかりのついた雌犬の臭いによって強度の生殖欲に駆られながらも、満たされることがない状況なのだろうか？(3)

このような説が納得しがたいことをほのめかしながらも、ブレーはその説を棄てさることができずにいた。それでも彼は不測の事態にそなえ、予防的な措置(そち)をとる必要があるとも考えていた。

> たとえば、さかりのついた雌犬を街中に放すことを禁止し、雄犬が欲望を燃え立たせるのを防ぐようにすることならば可能ではないか？　気が短く血の気の多い犬が一頭でもいれば、その犬の情熱が、狂おしいほどの愛情が狂犬病へと変化することも考えられるのだから。

あるいは、こうも述べている。

> たとえば、さかりが来ている雌犬のそばに雄犬を放さないようにする、というのも慎重な予防措置

といえるだろう。いかなる理由があろうとも、親密になりすぎるほどの接近を許すべきではない。

神経系の病気の発生をめぐって、生殖活動にその原因を求めるという考えは、スクレイピーの例でも見られた考え方であり、まさにジグムント・フロイトの仕事を予示するような思考の流れであろう。とはいえ、狂犬病の例では説得力もない。そこで、リヨン獣医師学校の物理化学教授であるフランソワ・タブランが、ブレーの説に対して反論を述べた。

狂犬病の自然発生説とやらを説明するために、今まで引き合いに出されなかったものがあるだろうか！　寒さに暑さ、乾期に湿気、冬に夏、春に秋、太陽に月、もちろん星までも引き合いに出された。だが、想像力を欠く統計は、自然発生した狂犬病とやらを説明するこれらの原因をすべて無効にしてしまった。接種以外に狂犬病の発生を説明できるものが考えられるのだろうか。そうだ！　あれを忘れていた。口輪だ！　編集長殿、…口輪が狂犬病の発生をうながすことになるというのであろう！…だが、狂犬病自然発生説の支持者たちが口にすることはいつでも同じなのだ。興奮しながらも満たされることのない激しい生殖本能、そういうではないか。(4)

このあと生殖本能説に対する反論が続く。タブランは統計によって、千頭の犬のうちわずか一頭から二頭だけが、既知の感染要因のない、いわゆる自然発生による狂犬病を発病するという点に注目している。自然発生説の根拠としてあげられた例がきわめて少数であることに驚く。千件にわずか一件だけが、自然発生による狂犬病であり、それ以外のすべての例は、発病した犬からほかの犬に感染するという。例外こそが、大多数をしめているのである。ほかの犬との接触はいちどもなかったのか？　「雌犬が飼主の完全な監視下におかれていた」という例をあげよう。その雌犬は自然発生した狂犬病によって死亡したとされているが、「解剖時には、狂犬病の痕跡はなかった」という。別の犬の例もある。「監視を続けてきた使用人は十年間にわたって、その犬は自然発生的な狂犬病で死亡したと考えつづけてきたようだが、そのようなことはありえない。この使用人は真実を隠すことなく、その犬がほかの犬に咬まれたことも証言してくれたのである」

タブランは自然発生説を激しく攻撃する右記の文書の結論として、衛生にかかわる新たな法律の制定を提案している。家畜の伝染病の拡散を防ぐためである。彼が新たな法に望んでいた条項は、今日の私たちの状況と奇妙に響きあっている。

第一条　伝染病に感染した家畜を保有する者はすべて、可及的すみやかに所在地の当局に報告する義務をもつ。この義務に従わない場合、その後の補償を受ける権利も失われる。

第二条　伝染病に感染した家畜、ならびにそれらの家畜とともにある家畜はすべて、公益の観点から必要と認められた場合には、伝染病の症状が確認されしだい殺処分される。状況に応じて一名、あるいは複数の獣医師が指名され、現場を訪れ、伝染病に感染した家畜の状態を確認する。

第三条　公益にしたがって家畜を当局に供出した家畜の所有者には、その家畜の市価の三分の二に相当する補償が平等になされる。この補償額の算出については、当局の指名した獣医師一名と、伝染病が発生した地区の首長によって選出された、家畜の保有者二名とによっておこなわれるものとする。

第四条　伝染病に感染した家畜、ならびにそのおそれがあると認められた家畜が収容されていた場所には、専門家による指導の下、適切な消毒作業がおこなわれる。この場所では伝染病の有毒性に応じて消毒後十五日から三十日のあいだ、新たな家畜の飼育が禁じられる。

四年後の一八七八年、ふたたびタブランが声をあげた。もちろん、自然発生説を否定する側としてである。いまだパスツールは自然発生説を根絶させるにはいたっていなかった。タブランはつぎのように結論を述べている。「いずれにせよ、私たちから見れば伝染と自然発生は両立しない。このような性質の病気の根底にあるものが一種の〈種(たね)〉で、接種によって、その生育に適した土壌にいわば種をまくことができるからには、出発点に種もなしに特定の病気が発生するなど、とうてい私たちには認めることができない。まだしも、種麦もなく麦が成長すると認めるほうがましである。したがって私たちにとっては、種をまくことのできる病気はすべて自然発生することはできないのだ」[5]タブランはここで、現代まで続く医師と獣医師のドグマというものがどのようなものかを述べている。しかし、今日、そのドグマもスクレイピーのために崩れさろうとしていた。

次章では羊の世界へ戻ろう。今後、〝敵〟の追求はさらに科学的な色合を濃くすることになる。パスツールが道を示してくれた。あとはその道に従うまでである。

4
顕微鏡から見たスクレイピー

一八九八年、パスツールの死から三年が過ぎたころ、アルフォール獣医大学の教授であるシャルル・ベノワは、フランス南西部のタルヌ県において数年前から未知の病気が流行し、羊が大量に死んでいることを耳にした。羊の死亡率は一五から二〇パーセントにもおよんでいた。この地方の羊は、羊毛と食肉だけでなく、チーズの原料となる羊乳の生産に欠かせない重要な家畜である。ベノワはすぐに未知の病気とみなされていたものがスクレイピーであることに気づき、スクレイピーについて研究をはじめた。ほんとうの意味で理にかなった手法で研究を進めた最初の人物である。そして、先人たちがことごとく失敗した問題、すなわち各症状の直接の原因となる器官の損傷について、その性質に的をしぼることでベノワは成功を収めることになった。

たしかに、それまでに報告されたおもだった症状から考えれば、いくつもの組織が目に見えるほど悪化していくのだと予想ができる。スクレイピーを発病した羊たちは激しい痒(かゆ)みを覚えるが、どこが痒いのかもわからず身体中をこすりつける。研究者たちはその痒みの原因を説明しようと試み、失敗してきた。運動機能の悪化を理解しようと、神経系のさまざまな部位も調査された。もちろん、その他の器官も同様に調べられている。たとえば、アルフォール獣医学校の校長であるJ・ジラールが一八三〇年に述べた結論がある。

正直なところ、疾患部位と特定するにふさわしい、損傷を受けた器官はひとつも見つけだすことができなかった。脊髄、腰神経、それに脊椎膜も、私たちの目には傷ひとつない完全な状態としかみえなかった。[1]

研究をはじめた当初、ベノワは別の結論を引き出している。

解剖時の検査では、肉眼的な異常はなにひとつ見つからない。脳、脊髄、神経、筋肉、いずれも健康な状態と変わりないのである。[2]

肉眼的な異常がないとは、人間の目では異常が発見できないということである。さて、ジラールが研究をしていた一八三〇年、すでに顕微鏡は研究の世界での市民権を得ていた。パスツールが研究の主力器具にしていたのも顕微鏡であり、彼はこの顕微鏡によって人類に、ミクロの世界という新たな世界を発見させた。だが、ほかの目的のために顕微鏡をもちいる者たちもいた。彼らは顕微鏡を利用し、動物と植物を問わず、生物の組織切片の研究をおこない、生物の組織はすべて「細胞」と呼ばれるものの組み合わせによって成り立っていることを発見していた。細胞には外見、形態、サイズなど、さまざまな種類があるが、いずれの細胞にも共通する点がある。薄い膜でできた壁につつまれた細胞には、一つの核と無数の小さな構成物が細胞内の「細胞質」と呼ばれる場所に含まれている、というのである。こうして、ベノワはそれまでの研究者のようにスクレイピーで死んだ羊の器官を肉眼で検査することはせず、顕微鏡を手にした。

顕微鏡検査では逆に、神経組織の病変がはっきりと観察された。病変は脊髄と末梢神経系にあったのである。

ベノワは病変を観察しているうち、脊髄の神経細胞に水泡のような「空胞」が存在することに気づいた。この空胞がスクレイピーを見分ける指標となった。これによって、羊の死因がスクレイピーにあるのか、それともほかの病気によるものなのかを区別できるようになったのである。

ベノワの研究はさらに続いた。それまでの研究者たちのように、彼もまたスクレイピーの原因を突きとめようとした。そしてなによりも最初に、病変した組織に細菌が存在するのか確かめようとした。顕微鏡による直接検査だけでなく、神経組織や血液を使い、さまざまな環境での細菌の培養実験も試みられた。だが、どの方法も思わしい結果を出すことはなかった。そこでベノワは体系的に複数の仮説をたてた。彼によれば、羊の品種によってスクレイピーのかかり方に差があるようだという。一方、スクレイピーが性病のように雄の種羊からうつる可能性については、牧羊業者の多くがそう言っていたにもかかわらず、研究に値するとは思えなかった。また彼は、羊の餌となる食料の影響についても立証をこころみるつもりであった。スクレイピーの感染性については、とくに注意ぶかく検討された。しかし、どれほど入念な調査をおこなっても感染性を確認することはできなかった。発病した羊の脳や脊髄を、あるいは血液を健康な羊に取りこんで発病させる試みは、ことごとく失敗した。スクレイピーを発病し末期症状にある雌羊の血液二リットルちかくを健康な雌羊に輸血したが、九ヵ月がすぎてもスクレイピーの症状が現れることはなかったのである。

さらには五ヵ月間発病した雌羊複数と健康な雌羊二頭を同じ場所で飼育したが、健康な羊には発病の兆候すら見られなかった。こうして、ベノワは結論を出した「現在のところ、スクレイピーが細菌による伝染性の病気であることを肯定することは不可能である[3]」と。だが、それでもスクレイピーについての論争に終止符が打たれることはなかった。この点で活躍したのはイギリスの獣医師たちであった。

そのひとりであるジョン・マクファディアン卿は、疫学の観点からの考察を発表し、スクレイピーの伝染病としての性格を説明した。一九一八年に発表された論文のなかで彼は、二人の牧羊業者A氏とB氏のそれぞれ飼育する羊の群れに発生したスクレイピーについて、以下のように記している。

最初の十一年間、A氏の飼っている羊がスクレイピーを発病したことは一度もなく、A氏は近隣の羊にもスクレイピーは発生していないと考えていた。一九〇七年秋、A氏は隣町の競売で百五十頭の雌羊を購入した。この百五十頭の羊の育成にあたっていたのはX氏であったが、後日になり、X氏の育成した羊にスクレイピーが発生していることが判明する。一九〇八年、百五十頭の雌羊たちの交尾がおこなわれた。同時期に、A氏自身が育成した同年齢の三十頭の雌羊も交尾をおこなった。一九〇九年の二月、スクレイピーの最初の症状が現れ、それから六ヵ月から九ヵ月のあいだに三十頭の羊がスクレイピーのために死亡した。発病したのはすべて、A氏が一九〇七年に購入した百五十頭の群れに属す羊であった。

スクレイピーを根絶しようと決意したA氏は、購入した群れの生き残りと、そこから生まれた子羊をすべて精肉業者へ売却した。こうして、一九〇九年秋以降、A氏の牧場にはX氏のもとで育成された雌羊も生まれた子羊もいなくなったのである。初めのうち、この措置は成功したかに見えた。A氏はその後十八ヵ月のあいだスクレイピーを目にせずにすんだのである。だが、残念ながらそれもひとときの休息にすぎなかった。一九一一年になると二件の発病があり、その後はさらに発病の数がふえていったのである。

同じくX氏の雌羊を買い求めていたB氏にも、まったく同じ事態が訪れていた。

A氏とB氏の二人の例は、スクレイピーが伝染性の病気であるという説の根拠となるはずである。だが、その場合はスクレイピーの潜伏期間は最低でも十八ヵ月ときわめて長いことになる。事実、雌羊の購入からスクレイピーの最初の症状が現れるまでの期間は十八ヵ月であり、また、スクレイピーを発病する可能性のある羊をすべて売却してから、A氏が自分の牧場で育成した雌羊に最初の症状が現れるまでの期間もほぼ同様の期間である。潜伏期間が十八ヵ月以上もあるということはちょうど、二歳以上の羊にしかスクレイピーは発病しないという古くから知られている事実と一致するのである。

マクファディアン卿はスクレイピーが伝染性であることを確信したものの、ベノワと同じく、病死した羊から採取した血液や脳脊髄液やその他の物質を健康な羊に接種して、スクレイピーを発病させようとしたが、成功にはいたらなかった。感染の源を採取できないという事実によって、スクレイピーが細菌によるものとする研究は無意味なものとなってしまった。だが、追求の糸が切れてしまったわけではない。それを示す一例が、マクファディアン卿と、スクレイピーを専門に研究していたもうひとりのイギリス人マクゴーワン卿とのあいだの意見交換に見られる。もっとも、穏やかな雰囲気とはいいがたかった。マクゴーワン卿は、スクレイピーが肉胞子虫という寄生虫による筋肉のいっせい感染によって引き起こされるのではないかと考えていた。マクファディアン卿は彼の説には関心すら示さず、また、そのことを率直に口している。

イギリス人二人がスクレイピーの細菌の性質について議論を重ねているころ、ヨーロッパは第一次世界大戦という狂暴な波にさらされていた。イギリスの羊のなかに〝敵〟の片鱗が姿を現したルイ十五世の時代から、すでに二世紀が過ぎようとしていた。これほどの時間があれば、〝敵〟について学んだこともあったのではないか？

さまざまな変装で身を隠す〝敵〟を、少なくとも羊に現れるときだけは確認できるようになったといえるだろう。スクレイピーの諸症状は医師たちによって「特徴的な臨床像」と叫ばれるようになった。ベノワの研究により、解剖をおこない、いくつかの神経組織、とくに脊髄にこの病気特有の病変が存在するのを確かめることで、スクレイピーとの診断を下すことも可能になった。しかしながら、スクレイピーを引き起こす原因（病因）を研究する者たちにとっては、スクレイピーはいまだ謎そのものであった。数多くの事実から、スクレイピーは伝染病である線が濃厚になっているが、その可能性を否定する事実も少なくはない。発病した羊と同じ場所で飼うことで、故意に健康な羊を発病させようという試みはことごとく失敗している。さらには、発病した羊の身体から採取した体液や体組織をすりつぶしてつくった乳剤の接種による感染の試みはことごとく失敗し、また、顕微鏡検査や細菌の培養などの方法によって感染の要因を突きとめることもできなかった。仮にスクレイピーが伝染病であるとしても、その十八ヵ月から二年という潜伏期間は、それまでに知られていた古典的な伝染病の、数日から長くても数週間という潜伏期間との比較からも考えにくいことであった。以上のような理由があるために、スクレイピーが伝染病であることについては、まだまだ疑問の余地が残されていたのである。

とくに、スクレイピーが少なくとも部分的には遺伝的な要因をもつ可能性を排除することもできない。品種の影響は多くの飼育者によって指摘されていた。スクレイピーには遺伝病と伝染病の両方の性質があると主張する牧羊業者も少なくはなかったのである。だが、遺伝をめぐる当時の論争はきわめて混沌としていた。遺伝についての科学はまだ始まったばかりだったのである。

遺伝の父グレゴール・メンデル（一八二二〜八四）はパスツールと同じ時代――同年生まれである――の人物ではあったが、彼の研究成果は二十世紀を迎えるまで無視されていた。古来より人間は、生物は自分と同じ姿をした存在を生み出すということを知っていた。しかし、メンデル以前には、種の永続性が保たれるメカニズムはまったく解明されていなかった。世代から世代へ同じ形質が伝えられていくことがどのような仕組みでおこなわれているのか、だれひとり理解できなかったのである。メンデルの天才は、認識の容易な少数の形質に着目し、形質の異なる品種を交配させて、どのような子孫が誕生するかを観察したことにある。彼は実験対象にエンドウマメを選び、種子の色と形状という形質に焦点をしぼった。そして、第一世代と第二世代の子孫に現れる形質の分配のようすから分析を進め、これらの形質の遺伝が、何らかの物質的因子によってもたらされるという結論を導き出した。この因子は（一九〇九年に）「遺伝子」と名づけられることになる。この遺伝子は組織のすべての細胞に二部ずつ存在する。ただし、生殖細胞である精子と卵子にだけは一部ずつしか存在しない。

二十世紀の初頭になると、それまでは観念上の存在でしかなく、メンデルによって実在が予言されていた遺伝子の本体が、染色体、つまり細胞核のなかに発見された小さな構造体であることがはっきりした。細胞が分裂を起こすまえに、細胞核の染色体は二つに別れる。そして、「双子」になった染色体は分離し、それぞれの染色体は、分裂してできた子細胞に収まる。こうして子細胞はもともと二つあった染色体の一つをそれぞれ受け継ぐことになる。子細胞内での染色体の分離分割のメカニズムについては、当時はまだなにもわかっていなかったが、この染色体が遺伝子を運んでいると考えたくなった。たしかに、遺伝子がかならず親から子へと伝えられ、その形質が受け継がれるのだとすれば、その遺伝子は細胞から子細胞へと伝えられるはずである。その結果、受精卵に伝えられたさまざまな形質が、受精卵を起源とするすべての細胞に含まれることになるのだ。こうして、真珠の首飾りに染色体をなぞらえた染色体説が生まれた。首飾りの真珠の玉のひとつひとつが、その個体のひとつひとつの形質に相応する、というものである。

遺伝学は当然のごとく〝敵〟の研究にも応用されることになった。しかし、遺伝学はまだ始まったばかりであった。つまり、一般大衆にはほとんど知られることがなく、科学の世界でさえも限られた人間にしか知られていなかった。それでも、獣医師たちはこの新しい科学の動向を追った。遺伝学こそが、自分たちが専門としている分野に光明をもたらしてくれるだろうと考えたのである。そして、一九一三年、見識ある獣医師のひとりスチュワート・ストックマン卿は、スクレイピーが遺伝病と伝染病の二つの性格をあわせもっているという説に対して、こう答えたのである。

遺伝性であると同時に伝染性である病気はいっさい知られていないことにご注意いただきたい。だが、一般大衆はまちがえるかもしれない。遺伝によって病気になることと先天的感染によって病気になることを、かならずしも区別していないからである(4)［訳注　先天性感染とは受精してから生まれるまでに起こる母子感染のこと］。

今日であればスチュワート卿もこのような説明をすることはなかったであろう。しかし、当時にあっては、彼の言葉は完全に正しかった。遺伝子の欠陥に原因をもつ遺伝性の病気もあれば、細菌によって引き起こされる伝染病もある。だが、この二つが両立することはありえない。また彼が、一般大衆は遺伝と先天的感染を区別しないと考えたのも、理由のないことではなかった。じっさい当時は多くの人々がまだ結核を遺伝病と考え、感染症とは思っていなかったのである。

やがて世界大戦が猛威をふるいはじめる。フランスとイギリスの獣医師たちの研究についてはひとまず終わりにし、もうひとつの陣営であるプロシア・ドイツでの研究に目を向けてみることにしよう。〝敵〟はかの地でも徘徊していた。だが、犠牲となったのは羊だけではなかった。

5 クロイツフェルト、ヤコブ、そして、その他の研究者

ハンス・ゲルハルト・クロイツフェルトの運命は、死後も奇妙な運命をたどる。ほぼ無名のまま一九六四年に死亡。彼の名が世界的に知られるようになるのは、その死から二十年が過ぎてからのことである。今日、ようやく彼の研究は正当な評価を得たといえるだろう。いずれにしても、一九二〇年、ドイツで神経病学と精神医学のある雑誌に発表された目立たない研究論文がその名声の源である。

クロイツフェルトは非凡な人物であった。なにごとにもとらわれることのない心をもった、独創的な思想家であり、無愛想な外見の下にかぎりないやさしさと敬意を秘めた人間である。「知識は人を尊大にするが、教育は人を謙遜にする」新キール大学の落成式のおりに口にされたこの言葉は、まさに彼の人柄を語っているといえよう。第二次世界大戦が続くなか、クロイツフェルトは彼なりにナチス政権に反抗していた。彼がキールに開いた診療所は、ヒトラーの人種法を拒みつづける数多くの人々の隠れ場ともなっていた。戦争が終わると、彼はハイデと呼ばれる医師の言語道断な行為を告発している。不治と診断された精神病患者を安楽死させるというナチスの計画で中心的な役割を果たした人物である。このハイデはサヴァデと名を変え、キール大学の精神科の教授の職につき、法廷の精神鑑定もおこなって

いたのである。

一八八五年に生まれたクロイツフェルトはキール大学で医学の博士号を取得すると、冒険心から海軍の軍医として太平洋で職務についた。やがて帰国すると、ブレスラウ（現ポーランドのブロツワフ）、ミュンヘン、ベルリンで神経病理学を学んだ。クロイツフェルトはブレスラウでは著名なアロイス・アルツハイマーの指導の下、ベルタ・Eという名の若い女性の検査をおこなっている。その検査の結果をまとめて報告した論文『中枢神経系のある特殊な病変を示す病気について[1]』こそが、死後、彼の名を高めることになった。

二十三歳になるベルタ・Eがブレスラウ大学の診療所を訪れたのは、一九一三年六月二十日のことである。入院前のベルタは正常な歩行が困難を覚えるようになっていた。さらには彼女の行動までもがいちじるしく変化していた。食事もとらず、身体を洗うことすら拒み、身なりを気にすることもなくなってしまったのである。ベッドから起きあがろうとして転倒するが、意識ははっきりしていた。また、あるときには突然叫び声をあげ、自分の住んでいる修道院の修道女が過ちを犯して死んだ、などと口にすることもあった。ベルタは自分が悪魔にとりつかれたのだと思いこんでいた。診療所を訪れる前夜はかなり興奮し、絶えず話しては笑い、叫んでいた。入院直後には、ひとりでは歩くこともできなくなっていた。顔の筋肉が痙攣し、自分の腕が勝手に動くのを抑えることができない。話す内容には脈絡がなく、自分がどこにいるのか、いまがいつなのかすらわからない。ひとつのことを理解するのにも時間がかかる。突然顔を歪（ゆが）めると、意味もなく機械的にばか笑いを始める。無関心になるかと思えば、極度の興奮状態に陥る。七月半ばを過ぎると、症状はさらに悪化の一途をたどった。全身麻痺（ぜんしんまひ）である。もはや自分のまわりにいる人間すら識別できなくなっていた。八月の初め、ベルタは癲癇（てんかん）に似た発作を起こした。目の動きが止まり、表情が完全に消えた。そして八月十一日に死亡した。解剖の結果、脳にめずらしい病変ができているのが発見された。灰白質のほぼ全体から神経細胞が消失し、脳自体が変性していたのである。クロイツフェルトは、この病気がこれまで報告された例のない神経病であると考えた。

最初の論文ののち、クロイツフェルトが新たな論文を発表することはなかった。このため、彼の論文は完全に忘却の淵へ沈むところであった。だが、完全に忘れ去られることはなかった。ハンブルクで研究をしていたもう一人のドイツ人神経病学者、アルフォンス・マリア・ヤコブのおかげである。

ヤコブは一八八四年、商人の家に生まれた。まだ子どものころ、両親の留守中に店の番をしていたヤコブは、少しでも多くの利益を得ようと商品の値段を吊り上げることがよくあったという。やがて、ミュンヘン、ベルリン、そして当時ドイツの統治下にあったストラスブール（現在はフランス領）で医学を学んだ。一九〇九年に医学の博士号をとると、神経精神医学を専門に研究し、クロイツフェルトと同じくアルツハイマーの指導を受けている。一九一一年にハンブルクへ移ると、以後はその地にとどまることになる。ハンブルクを離れたのは、第一次大戦時にドイツ軍に従軍したときだけであった。一九二四年に神経病学の教授に任命されたヤコブは教授として敬意を受ける人物であったが、研究者としても世界的に名を知られていた。クロイツフェルト・ヤコブ病と呼ばれることになる病気ではなく、別の神経病学的な病気である多発性硬化症とフリードライヒ病の研究によって、すでに名声を博していたのである。

ヤコブは一九二一年から二三年までに発表した三つの論文のなかで、運動機能の悪化、言語障害、情緒の喪失、思考力の低下、性格の変貌、記憶力の低下の見られた三十四歳から五十一歳にかけての男性二名、女性三名について報告している。いずれの患者も自分では移動することも、立ち上がることも、話すこともできなかった。知能が極度に低下（痴呆状態化）し、寝たきりとなり、重度の症状が現れたのち数週間から一年で死にいたるのである。

この三つの論文には『中枢神経系の顕著な解剖的所見を伴うある特殊な病気について』[2]という共通の題名がつけられていた。

論文にとりあげられた症例のなかでもひときわ強烈な印象を放っているのは、ルーマニアの黒海の沿岸部で軍務についていた四十二歳になる兵士についての記述である。この兵士は一九一八年五月から、めまいや体力の消耗など、さまざまな不具合に悩まされるようになった。八月の下旬になると、彼の筆跡が変化したことに妻が気づいた。症状が悪化するようすは、彼の手紙に現れていた。まずは手紙の内容である。兵士自身が自分の症状について記しており、その文章の変化から彼の知性が急速に低下していることが読みとれた。つぎに、手紙に記された筆跡である。筆跡が短期間のうちに崩れてゆき、十二月の初旬には、判読できないほどにまで悪化していた。十二月中旬、その兵士はドイツ本国へ送還され、ミュンヘンで病院へ入院させられ、ヤコブが彼を担当することになった。兵士の症状は急激に悪化し、翌年三月の初旬に死亡した。

ヤコブはこの症例が、クロイツフェルトが報告したベルタ・Eの症例に似ていることに気づいた。そして一九二二年になると、別のドイツ人神経病学者であるW・シュピールマイヤーによって「クロイツフェルト・ヤコブ病」ということばがもちいられるようになった。シュピールマイヤーはクロイツフェルトがベルタ・Eの症例を研究していたときの指導教授である。

脳の外膜に変性病変が現れ、痙攣、痛覚過敏、精神障害を引き起こす奇妙な病気は、クロイツフェルトの報告した症例だけにとどまらない。注意ぶかく分析されたデータを調査したA・ヤコブも多数の症例を報告している。このクロイツフェルト・ヤコブ病（痙攣性の擬似硬化症）が臨床的、解剖的な側面から明らかにされるのも、そう遠いことではないだろう。[3]

シュピールマイヤーの期待が実現するまでには、それからかなりの時間が必要であった。一九九八年、『ネイチャー』誌への寄稿によれば、クロイツフェルトの報告した症例は、実際にはクロイツフェルト・ヤコブ病ではなかったという。第二次大戦後、クロイツフェルト自身も認めていたのかもしれない。「ベルタ・Eの症例はヤコブの記した症例とはいかなる類似点もなかった」[4]と。さらに、この寄稿によれば、ヤコブの報告した五件の症例のうち二件だけが、今日一般に私たちが口にするクロイツフェルト・ヤコブ病の症状であったようだというのである。この寄稿は、この病気の特定については長年にわたって混乱が続いていたことを明らかにしてくれた。スクレイピーの場合でも二世紀にわたって続いた混乱である。
クロイツフェルトもヤコブも意識することはなかったが、すべては狂牛病に結びつく一連の病気だったのである。

四十年ほどのあいだ、クロイツフェルトとヤコブの研究はほとんど顧みられることもなかった。一九二四年から三〇年にかけて、わずかに四件、ヤコブの協力者たちによって症例が追加されただけであった。ヤコブ自身は惜しまれつつも一九三一年に没している。この新たに報告された四件の報告例のなかに、P・バッカーという男性の症例がある。バッカーの姉もやはり同じ病気で死亡しているという。このため、遺伝病の疑いが濃厚であるとされた。この遺伝病という仮説は、ハンブルク大学でヤコブの遺(のこ)した研究を続けているグループによって一九五〇年にも提起されている。バッカーの例では、姉だけでなくほかにも何人もの親族が彼と同じ病気で死んでいることが判明した。この病気が遺伝性であるのだとすれば、元凶となる変異は「優性」ということになる。このことを理解しやすくするために、メンデルの研究を手短に紹介しよう。

メンデルによれば、植物、あるいは動物のひとつの組織がどのような形質をもつかは、細胞に二部ずつ含まれる「遺伝子」と呼ばれる要因によって決定される。新たな細胞が形成されるときには、二部の遺伝子の一部しか入らない。卵子と精子が受精する過程で、母方と父方のそれぞれの細胞の遺伝子を一部ずつ含んだ受精卵が形づくられる。原則として、この二部の遺伝子の組み合わせによって、新たな形質が発現するのである。エンドウマメの種の色でいえば、二部の遺伝子の組み合わせが、種の色の元となる色素を決定する。しかし、二つのうちの片方の遺伝子が、色の形成をおこなうことができない「変異」の因子をもっていることもある。一方の遺伝子だけでほぼ正常な量の色素をつくりだすことができるとき、その遺伝子――この対のことを遺伝学者は「対立遺伝子」と呼んでいる――は「優性」であるという。つまり、この遺伝子があるために、もう一方の遺伝子の変異が表面に現れずにすむのである。ちなみに、もう一方の遺伝子は「劣性」と呼ばれる。

したがって、同じ組織に優性の対立遺伝子があるかぎり、「劣性」の形質をもつ変異を含む劣性の対立遺伝子が存在するかどうか、判断することはできない。逆に、二部の遺伝子がともに変異をもっている場合、その結果が発現することになる。このような状況になるのは、一見正常に見えるが、互いに、正常な優性遺伝子と劣性の遺伝子を同時にもった二つの組織がまじわるときである。これらの組織では、生殖細胞の半数に優性の対立遺伝子があり、残る半数に劣性の対立遺伝子がある。劣性の対立遺伝子をもった雄の生殖細胞が、同じく劣性の対立遺伝子をもった雌の生殖細胞を受精させるたびに、受精卵は二つの劣性の対立遺伝子の複製(コピー)をもつことになるのである。エンドウマメの色素を形成する遺伝子の例にあてはめると、この受精卵は色素をもたない組織を生み出すことになる。つまり、無色の豆ができあがる。このような交配であれば、子孫の四分の一が劣性どうしの対立遺伝子を受け継ぎ、無色の豆を実らせることになることが容易に計算できる。それ以外の子孫の豆には色がある。すなわち、二部の優性の対立遺伝子どうしをもつ(四分の一)、あるいは、親と同じように優性の対立遺伝子一部と劣性の対立遺伝子一部をもつ(二分の一)場合である。実際のところ、メンデルはこの過程を逆に追うこと、つまり、この品種の交配によって生み出された個体に現れる形質を分析することで、遺伝子の存在を導き出したのである。

　バッカーの一族に話を戻そう。バッカーの病気が遺伝病であるとすれば、その原因は遺伝子の変異ということになる。もしその変異が優性であれば、それは対をなす二つの遺伝子のうち一方に変異が起こっただけで病気が引き起こされるという意味である。そうすると、病気にかかった人の子どもはすべて、二分の一の確率で変異した対立遺伝子を受け継ぐのだから、病気にかかる確率も二分の一ということになる。変異が優性だということは、遺伝子の変化によってたんにある機能が失われるだけでなく、病気の原因になるという新しい機能が現れるということでもある。

　クロイツフェルトとヤコブの論文が書庫の棚で埃（ほこり）に覆（おお）われはじめたころ、新たな神経病学者たちがオーストラリアのウィーンで興味ぶかい症状を観察していた。一九二八年、ヨーゼフ・ゲルストマンは、二十五歳になる女性に小脳の特異な疾患が原因と見られる症状が現れていることを報告した。彼はこの女性患者に見られる奇妙な反射現象を観察していた。手をまえに伸ばしたときに頭を回転させると、自動的に腕を組んでしまうというもので、顔が向いている側の腕にもう一方の腕を重ねるのである。一九三六年、ヨーゼフ・ゲルストマン、エルンスト・シュトロイスラー、I・シャインカーらはこの症例を詳細に記すとともに、同じ家族から出た別の七つの症例を報告した。三人の論文にはクロイツフェルトとヤコブの名前は出てこないが、いくつかの症状はクロイツフェルトとヤコブによって観察された症状とよく似ている。反面、ほかのいくつかの症状ははっきりと異なっており、たとえば神経組織に見られる病変では、脳の中に斑状の集積物が存在すること、それらがアルツハイマー病で死亡した人の脳に見られる斑とよく似ていることが報告されている。けっきょく三人は、これは中枢神経系を冒す新しい病気で、遺伝によって伝わるらしいと考えた。

だが、これもまた〝敵〟の変装の一部でしかなかったのである。

クロイツフェルトとヤコブらは、無意識のうちに、羊の内に隠れた〝敵〟を追いつめようとしていた。四十年、あるいは五十年ものあいだ、医師たちはクロイツフェルトとヤコブの論文を忘れつづけていたが、この時間も獣医師たちにとっては無為に流れたわけではなかった。それでは、人民戦線内閣が誕生した一九三六年のフランスへ戻ることにしよう。

6 スクレイピーを実験的にうつす

一九三六年十二月二十八日、フランス人の獣医師ジャン・キュイエとポール＝ルイ・シェルは、科学アカデミーに『スクレイピーは接種しうるか？』と題された覚書きを提出した。このなかで二人は、スクレイピーの発病末期にある複数の羊の脳や脊髄からとられた物質を、発病していない九頭の羊にさまざまな方法で接種した実験について報告している。九頭のうち七頭は死亡、あるいは、接種から九ヵ月後に処分された。これは実験者の意志には関係なく、また、スクレイピーの兆候を示すものでもなかった。実験は出だしからつまずいていたが、キュイエとシェルは生き残った二頭の雌羊を観察しつづけた。そして、忍耐は報いられた。それまで研究者たちがことごとく失敗してきたことを、ついに二人が成功させたのである。

いまだスクレイピーの被害を受けていないナルボンヌ地方の出身である二歳半の雌羊「一号」は、一年半前から学校の羊小屋で飼育されている。一九三四年七月九日、この羊の眼球内に、腰部の脊髄を乳鉢で細かく砕き、殺菌した微量の生理食塩水を加えた乳剤を三ｃｃ接種した。

一九三五年九月下旬までは、全体として良好な状態が続いた。しかし、接種後十四ヵ月半を経過したこの時期から、羊の落ちつきがなくなりはじめ、おびえた表情で頭を上げて歩きまわるようになった。それから二週間後の十月の初めになると、運動障害が現れ、老年性のものに似た頭と首の痙攣をともなうようになった。

十月十五日、羊の症状は完全にスクレイピー特有の症状に一致するようになった。胴体後部の協同運動失調、前肢の極端な屈曲作用（前肢をまえに延ばす動作）、急速な歩度、前軀と後軀の動作の不一致（前肢が速歩（はやあし）、後肢が駈歩（かけあし））、頭と首の極度な揺動、歯ぎしり……。

末期になった羊は、一九三五年十月三十日に処分された。接種から約十六ヵ月後、スクレイピーの初期症状が確認されてから一ヵ月半後のことである。[1]

同じように接種を受けた雌羊「二号」は、接種から二十二ヵ月後にスクレイピーの初期症状を起こし、その二ヵ月後、すなわち接種から約二年後に死亡した。

キュイエとシェルはこの実験から、つぎの結論を出した。すなわち、スクレイピーがうつりうる感染性の病気であること、ウイルスが神経系の中枢（脊髄と脳）に存在すること、潜伏期間が長期（十四ヵ月から二十二ヵ月）にわたること、である。

この結論にはいささか懐疑的な点が見られたため、スクレイピーの実験的な伝達に失敗した別のフランス人の獣医師ベルトラン、カレ、リュカンら三人の反論を受けることになった。三人は一九三七年、発病した羊の神経物質を脳内の血管から健康な羊に接種する実験を五件おこない、論文にまとめている。この実験では、いずれの羊も発病することはなかった。これを受けて、三人はキュイエとシェルとは異なる結論を出した。「発病した羊の体内物質を接種し……、スクレイピーを羊に実験的に感染させることは不可能である」(2) しかしながら、もう少し細かく見てみれば、両者の実験のあいだに横たわる矛盾はそれほど深刻ではないことがわかる。たとえば、ベルトラン、カレ、リュカンの報告した実験のうち四件の例では、接種を受けた羊の追跡調査は、最大でも三ヵ月しかおこなわれていない。キュイエとシェルによって接種された羊が発病するまでに必要とした十四ヵ月から二十二ヵ月という期間にはほど遠い数字である。キュイエとシェルの実験結果と矛盾するかと思われる例も一件だけある。ベルトラン、カレ、リュカンによって接種を受けた雌羊の一頭については、二十三ヵ月にわたって観察が続けられたが、スクレイピーを示す症状は一切見られなかったという。だが、そのとおりであったとしても、もう少しだけ長く観察を続けていれば、スクレイピーの初期症状が現れたことも十分に考えられるのである。

おそらくは根気が欠けていたためにいくつもの過ちを犯してしまったのだろう。キュイエとシェル以前の研究者たちが、スクレイピーの伝達の実験に失敗したのも、まさにそのためである。とはいえ、失敗の理由はほかにも考えられる。たとえば、ジョン・マクファディアン卿のおこなった実験のほとんどが否定的な結果しかだせなかったことも、別の理由による。前述のようにマクファディアンは、説得力のある論拠によってスクレイピーの伝染病的な性格を証明しようとした最初の人物であった。さらに、彼は観察の結果から、スクレイピーが伝染病であるとすれば、発病までの潜伏期間は最低でも十八ヵ月になるはずだと示してくれた。一九一八年におこなった十八件の実験で彼は、接種をおこなった羊を二年から二年半にかけてじっくりと観察しつづけている。いま考えるならば、彼が実験的にスクレイピーをうつそうとして失敗したのは、神経組織をすりつぶしてつくった乳剤を接種するべきところを、感染力がはるかに弱い、あるいは皆無である血液やその他の物質を接種してしまったからであろう。もし彼が、キュイエやシェルがおそらくしたように、狂犬病に対するパスツールの仕事をもっとよく研究していたら、このようなまちがった道に迷いこまずにすんでいただろう。じっさいパスツールは、狂犬病ウイルスが神経系で増殖することを知ると、すぐに脊髄と脳の乳剤をもちいて、狂犬病を健康な犬に発病させることに成功しているのだ。あるいはマクファディアンが失敗したのは、彼がイギリス人であったためかもしれない。パスツールとベノワはフランス人であり、残念ながらこれらの論文もフランス語で書かれていたのだ。

いずれにしても、キュイエとシェルにとっては、さらに実験の結果を出す必要があった。そして、一九三八年以降、別の雄羊一頭と雌羊二頭を発病させることに成功したと報告することになる。発病までの潜伏期間はそれぞれ十一ヵ月、十二ヵ月、十九ヵ月半であった。雌羊二頭の接種にもちいられた物質は、最初の実験で感染させられた二頭の雌羊の一頭からとられた腰部の脊髄を使った乳剤であり、雄羊の接種には、自然に発病した羊の腰部の脊髄がもちいられた。これらとは別に接種を受けた三頭の羊は二十六ヵ月の期間をおいたのちも、スクレイピーを発病しなかった。ということは、感染はかならず起きるものではないのかもしれないし、あるいは、もっと長い潜伏期間を必要とするのかもしれなかった。

キュイエとシェルの出した結論は、ほぼ疑問の余地のないものとなった。実験的に感染させることが可能であるということは、すなわち、スクレイピーは感染症である、ということである。残るは、スクレイピーを引き起こす「細菌」を特定するばかりとなった。パスツールが狂犬病の病原菌を追い求めたときのように、キュイエとシェルも目に見えない細菌を探し出そうとした。当時、発見されたばかりの「濾過性のウイルス」の可能性も考えられた。二人はスクレイピーを発病した雌羊から採取した脊髄の乳剤を〔細菌が通過しないフィルターで〕濾過したものを二頭の羊に接種してスクレイピーを発病させることに成功し、「病原菌」がこの「濾過性のウイルス」であると結論づけることになった。

キュイエとシェルはもうひとつ重要な成果をあげている。スクレイピーを雄と雌の山羊に感染させることに成功したのである。潜伏期間は羊の場合よりも少し長かった（二十五ヵ月と二十六ヵ月）。スクレイピーが山羊に発病したのは初めてのことであったが、シェルが数年後に記したところによれば、スクレイピーを発病したことのある羊の群れで飼われていた雌山羊が自然感染した例があったのだという。

キュイエとシェルはスクレイピーを羊から山羊に感染させることには成功したが、ウサギへの実験的な感染は失敗した。ベルトラン、カレ、リュカンの三人はウサギのほかにモルモットとマウスに対しても実験をおこなったが、いずれも失敗している。おそらくこの失敗があったために、三人はキュイエとシェルの報告について、沈黙を守りつづけたのであろう。こうして準備は万全となった。あとは発病した家畜の脊髄でつくった乳剤を濾過した液体からスクレイピーのウイルスを分離するだけである。しかし、この試みを実行に移すには、それなりの手段と少なからぬ根気が必要であった。分離作業によって感染力のある病原菌を確保するには、まず大量の羊に接種をおこなわなければならない。それに、結果が出るのは一年から二年後である。キュイエとシェルにはそれだけの根気もあっただろう。だが、キュイエの引退とシェルの死によって、二人の研究は終止符を打たれたのである。こうして、それから二十年ほどのあいだ、スクレイピーの感染源の追求はほとんど進展することもなかった。

キュイエとシェルの研究は〝敵〟の追求にとっても、少なからぬ前進であったといえよう。まるで身の危険を察知したかのように〝敵〟は反撃に出る。狙われたのはスコットランドである。まさにフランスの獣医師たちが羊に接種をおこなっているころの出来事であった。

イギリス人獣医師ゴードンはその当時、羊の別の病気に興味をもっていた。スクレイピーと混同されることも多かった「跳躍病」(3)と呼ばれる病気である。一九三〇年代初頭には、この病気が濾過性ウイルスによって引き起こされ、羊の中枢神経で進行し、ダニによって媒介されることがわかっていた。スコットランドの牧羊に多大な被害を与えているこの病気の流行に歯止めをかけようと、ゴードンはワクチンの開発にとりかかった。ゴードンはパスツールと同じ手法をとった。脳内の血管からウイルスを羊に注入し、五日のあいだウイルスの増殖を待ち、そして、羊を殺し、ウイルスが大量に存在する脳と脊髄を採取したのである。この神経物質は乳剤状にされ、あらゆるウイルスを不活化させることがすでに知られていたホルマリン溶液で処理された。こうして不活化されたウイルスはその感染性を失ってしまうが、動物の体内でウイルスに対する防御反応を起こさせる性質までは失われない。この防御反応は身体に記憶され、その後のウイルスの感染を防いでくれる。これがワクチンの作用である。ホルマリンで不活化したウイルスを含ませた乳剤は「跳躍病」に対するすぐれたワクチンとなった。新たに完成したこのワクチンは一九三一年から一九三四年にかけてくりかえし試験がおこなわれた。そして、ワクチンとして効果があり、危険性もないと認められ、初めて一般の用途にもちいられることになった。百四十頭、百十四頭、四十四頭の羊から三つのワクチンのロットが製造され、それぞれ、二万二千二百七十、一万八千、四千三百六十頭分のワクチンとなった。予防接種は一九三五年に実施され、しばらくは問題が起こることもなかった。

しかし、予防接種から二年半後の一九三七年九月、二件の牧羊業者から飼っている羊がスクレイピーを発病したと報告があった。発病した羊は「ブラックフェース」という、過去に一度も発病した記録のない品種であった。それどころか、スクレイピーを発病したのは、一九三五年に跳躍病のワクチンを接種した羊だけだったのである。疫学的な詳細な研究調査がおこなわれた結果、ワクチンによってスクレイピーに感染したことが判明した。それも、三つのロットのうちの二番めのロットだけが感染源であった。やがて、百十四頭の羊の身許(みもと)が判明した。そして、その群れの大半がそれまでスクレイピーを発病したことのないブラックフェース種とグレイフェース種であったが、八頭は病気に弱いチェビオット種の子羊だったことが明らかになった。この八頭の子羊は健康そのものであったが、その後スクレイピーを発病した雌羊と過去に接触したことがあった。八頭の子羊のうち一頭、あるいは複数頭がスクレイピーの病原をもっていたことはほぼ間違いない。発病前であったために、スクレイピーの症状を現さなかっただけの「一見健康な、病原体のキャリア」だったのである。子羊の神経物質のなかにあった感染性の病原体は、二番目のワクチンのロット全体を汚染していることが予想された。全体の感染率は計算できなかった。ワクチンの接種を受けた家畜の大半が成獣に達した雌羊であったため、スクレイピーを発病するまえに食肉業者の手に渡っていたのである。残った少数の羊による算定では平均で五パーセント、誤差を考えると一から三五パーセントであるとみられた。

そのころ、ゴードンはキュイエとシェルの研究内容について知った。唯一英文で記された文献が一九三九年に発行されたのである。ゴードンは以下の点に注意を向けた。

時期的にも興味ぶかい一致である。彼らが感染の実験をしているそのときに、事故とはいえ、家畜からつくられてホルマリン処理されたワクチンにスクレイピーの感染力があることがわかり、彼らの研究を裏づける結果になったのだ。[4]

ワクチンが汚染されていることが早期に発見されていなければ、イギリスの牧羊業は壊滅的な打撃を受けていたであろう。ゴードンらイギリスの獣医師たちはこの事故に衝撃を受け、ふたたびスクレイピーの問題に取り組むことになった。なによりもまず、謎に満ちた病原体を特定しなければならない。そして、可能であれば、スクレイピーに有効なワクチンをつくりだすのだ。彼らは費用を省みることなく、資力を投入した。実験のために七百八十八頭もの羊が犠牲にされることになった。だが、残念ながら費やした犠牲に見合うだけの結果を出すことはできなかった。キュイエとシェルの研究を確認したほかに、手に入れることができたのは、わずかに二つのことだけであった。脳内への接種によってスクレイピーの潜伏期間が短くなる（七ヵ月にまで短縮されることもある）こと、そして、跳躍病の予防接種の事故でも明らかになったように、スクレイピーの病原体がホルマリン処理でも感染力を失わないということである。このホルマリンに抵抗性があるということは、きわめて重要な点であった。そのような特徴をもったウイルスは、それまでひとつも見つかっていなかったのである。

それから数年のあいだ、スクレイピーの研究は足踏みを続けることになる。第二次世界大戦が勃発したこともある。直接人間にかかわる問題ではないだけに、スクレイピーは緊急を要する課題とはみなされなかったのだろう。

7 山羊とマウスも

一九五〇年代に入ると状況は一変した。イギリスから羊を輸入していたカナダ、アメリカ、オーストラリアにもスクレイピーが出現したのである。このため、これらの国々、およびニュージーランドは、スクレイピーに感染していないことが確認されるまで、羊の輸出を禁止する措置をとった。これによって、スクレイピーの原因の究明はふたたび経済的な重要課題となった。意欲もあり、経済的な援助も得たイギリスの獣医師たちは、イングランドのコンプトンとスコットランドのモアダン研究所の二つを拠点にして大規模な実験を再開した。スクレイピーのウイルスを特定することこそできなかったが、それでも数多くの重要な成果をあげることができた。そのなかの三点をあげよう。

ひとつは、発病した家畜のさまざまな器官に感染性の病原体が配分されていることを突きとめたことである。それまでにも脳と脊髄に病原体が存在することは判明していた。だが、ほかの器官にも存在するのだろうか？　それを知るためには、発病した家畜の複数の器官から乳剤を作り、それによって健康な家畜を発病させることができるか確認しなければならなかった。イギリス人獣医師イエイン・パティソンとG・C・ミルソンの二人が雌山羊(やぎ)を使った実験をおこなった。スクレイピーの接種では羊よりも山羊のほうが発病しやすいことが知られている。山羊から山羊へうつる率は一〇〇パーセントに達していたが、羊から羊では二五パーセントにすぎなかった。この実験によって、病原体の大部分は大脳と、大脳に近い内分泌腺である脳下垂体に、やや少量が脳脊髄液、座骨神経、副腎、唾液腺に存在することがわかった。また、ごく少量が筋肉に、確認が困難なほど微量が血液と尿に含まれていた。つまり、病原体が潜んでいるのは、病変の確認された神経系だけではなかったのである。

もうひとつの成果も、やはりパティソンとミルソンの山羊を使った実験によるものであった。脳内への接種によってスクレイピーを羊から山羊にうつそうとしたところ、臨床的に性格のはっきり異なる二種類のスクレイピーが現れたのである。麻痺（まひ）型のスクレイピーは発病後まもなく神経症状を多発し、掻痒（そうよう）型のスクレイピーは、進行するにつれ神経症状を示すが、初期症状として激しい痒（かゆ）みをともなう点に特徴がある。麻痺型のスクレイピーにかかった山羊の脳をもとにした接種がおこなわれた山羊は数ヵ月後に麻痺型のスクレイピーを発病する。同様に、掻痒型の接種によって掻痒型のスクレイピーが発病するのである。スクレイピーの病原体に、症状に微妙な差異のある二つの株があるとすれば納得すべき現象である。そこでパティソンとミルソンは、ウイルスの二つの株が同様に羊に伝わっているのではないかと仮定した。それならば、臨床的な症状に複数の種類があることも説明がつくし、地域によってスクレイピーの呼び名が異なっていたこともうなずける。フランス人がスクレイピーを「痙攣病（トランブラント）」と呼んでいたのは、彼らの羊が麻痺型のスクレイピーに感染していたからであり、イギリス人が「スクレイピー」と呼んだのはイギリスの羊が掻痒型のスクレイピーに感染していたからだろう。〝敵〟の変装の新たな一例である。この複数の株の問題は追求を進める私たちのまえにふたたび現れることになる。今日の私たちがいまもなお直面している問題である。

三つめの成果には、スクレイピーについての研究を飛躍的に進歩させる可能性があった。これはパティソンとミルソンに近い獣医師であるディック・チャンドラーの研究による。一九六一年、チャンドラーはついにスクレイピーをマウスにうつすことに成功した。彼の論文は、有名な医学雑誌である『ランセット』に発表された。それまでに発表されたスクレイピーについての研究論文のほぼすべてが獣医学雑誌に発表されていたことからすると大きな変化であろう。この時点から、獣医師だけでなく医師も〝敵〟の研究に興味をもつようになったのである。

それまで、スクレイピーをマウスにうつそうとして成功した者はいなかった。だが、チャンドラーは失敗に挫(くじ)けることなく、実験への意欲を失うこともなかった。それには二つの理由があった。ひとつは、パティソン、ミルソン、そのほか大勢の研究者たちによって、山羊における効率的な感染方法や、感染の再現性が確認されていたことである。山羊から山羊へとつぎつぎにうつしていくうち、病原体はある意味で安定し潜伏期間も七ヵ月から十三ヵ月と比較的短期間になっていた。もうひとつの理由は、チャンドラー自身で進めていた、マウスの細菌感染に対する感受性についての研究である。ここで注意してもらいたいのは、生物学者が自然界に住む野生のハツカネズミを捕らえて実験に供することはない、ということである。かなり以前から、生物学者は野生のハツカネズミを始祖にして、何種類ものマウスの系統をつくりあげてきた。ひたすら同じ系統に属するマウスのあいだで交配をおこなうことにより、それぞれのマウスの血筋をたもってきたのである。そこで同じ系統のマウスは、互いに遺伝的にもひじょうに似かよった性質をもっている。系統の違いは遺伝的な差異そのものであり、始祖となったハツカネズミどうしの差異を反映したものでもあるのだ。チャンドラーは三種類の異なる系統のマウスを使って研究し、系統によって細菌に対するマウスの感受性が異なることに気がついた。そして、系統によってスクレイピーに対する感受性も同様に異なるのではないかと考えた。そこで彼は、三系統のマウスの脳内にスクレイピーで死亡した山羊の脳からの抽出物を接種する実験をおこなった。麻痺型と掻痒型の二種類のスクレイピーにそれぞれ感染した山羊の脳を使い、平行して二つの実験をおこなった。そして、七ヵ月半から九ヵ月の潜伏期間ののち、複数のマウスに典型的な神経症状が現れたのである。

症状が示しているのは運動神経の損傷である。マウスは後軀を床にあずけて身体を起こし、まったく移動しようとしない。ときには後肢を引きずり、こわばった動きで、バランスをとるように歩くこともあった。尾は不自然なほどに緊張して硬くなり、上を向くことも少なくなる。尾を指に巻きつけると、その後数分のあいだ、そのままの形をたもちつづける。尾をつかまれて吊り下げられると、左右の後肢を近づける。本来であれば、左右の後肢は離れる傾向があるはずである。毛並みが損われ、背骨が曲がってしまうマウスも多数いた。解剖による神経系の検査では、スクレイピー特有の病変が見られた(1)。

この実験はスクレイピーがマウスにも感染しうることを強く示唆しているが、さらに重要な点も明らかにしている。この感染がうまくいったのはマウスの三系統のうち一つだけであり、しかも麻痺型のスクレイピーにかかった山羊の脳を使ったときだけだったのだ。牧羊業者たちから数多く報告されているように、羊の品種によってスクレイピーへの感受性が異なっていることときわめて類似した現象である。

チャンドラーは一九六三年に発表された論文のなかで、マウスがスクレイピーに感染することをあらためて確認した。そこではまず、スクレイピーが山羊から三系統のマウスへ感染しうることを明言したうえで、二系統のマウスでは感染は難しく、発病にいたる確率はきわめて低く、また、感染してもその潜伏期間はきわめて長くなる（七ヵ月から九ヵ月ではなく、十三ヵ月から十五ヵ月）ことを記している。また、チャンドラーはマウスからマウスへの感染の実験もおこなった。とくに問題が生じることもなく実験は成功したが、病原体に新たな二つの特性が現れることになった。新たな「宿主」に順化することで、発病までの期間も四ヵ月から五ヵ月と短くなり、また、三系統のいずれでも同様に発病するようになった。マウスに順化したスクレイピーの株は、ある意味で山羊に順化した本来の株とは異なる性質になってしまったのである。この株自身の変化は、チャンドラーがマウスどうしで複数回にわたってうつしたスクレイピーを、ふたたび山羊にうつそうとした実験によって現れた。この「逆伝達」の実験は成功し、マウスに見られた病気がまさしくスクレイピーである絶対的な証拠となった。だが、マウスが感染するのは麻痺型のスクレイピーだけであったはずである。ところがマウスから採取された病原体の接種を受けた山羊は、ときには麻痺型、ときには掻痒型、そしてときには両者の性質の混合したスクレイピーを発病した。スクレイピーの型がこのように変化することは、山羊から山羊への感染時にはなかったことである。つまり、スクレイピーは山羊とマウスといったまったく異なる種のあいだでもうつりうるが、その動物の遺伝的な特質によって向き不向きがある、そして、いちど伝達が起こると病原体は新たな特性を手に入れ、新たな宿主に順化することになるのである。

チャンドラーはマウスを利用した一連の基礎実験を成功させた。同じ実験を羊や山羊でおこなっていれば莫大な費用と膨大な時間がかかっていただろう。たとえば、彼は病原体の定量をおこなった。それまでは、さまざまな組織からの抽出物を、希釈せずにそのまま接種するだけだったので、その結果は本質的に白か黒かのどちらかでしかなかった。つまり接種された動物がスクレイピーを発病するか、しないかということである。もちろん、潜伏期間をしらべ、病気にかかる動物の割合をしらべれば接種材料に含まれる病原体の量をある程度把握することもできるが、正確な数値までは引き出すことはできない。チャンドラーは実験に使うマウスの数を気にする必要もなく、組織の抽出物の濃度を何段階にも薄め、これを大量のマウスに接種する実験をおこなった。この実験で、接種されるマウスの脳からの抽出物の濃度が薄ければ薄いほど、潜伏期間も長くなることが確認された。しかし、十万倍に希釈してもなお、接種されたすべてのマウスが、最短六ヵ月でスクレイピーを発病したのである。十万倍、これは、一ccの抽出物を百リットルの水で薄めたのと同じ濃度である。一億倍に希釈した場合は、発病しないマウスもいたが、それでも一部のマウスは接種後、八ヵ月から九ヵ月後にスクレイピーを発病した。一億倍とは一ccの抽出物を十万リットルの水で薄めた量に等しい。つまり、マウスの脳内には膨大な量の病るという問題である。実際、この病原体はただ羊の脳ばかりでなく、原体が存在するということである。百分の一ccもあればマウスに感染させることができるのだと考えると、スクレイピーを発病した一匹のマウスの脳があれば、数百万どころか数十億のマウスを感染させることも可能なのである。

チャンドラーは接種の経路が感染にあたえる影響も研究し、脳内注射はいうまでもなく、腹膜を通した脊髄への皮下注射や、胃ゾンデを用いた経口接種も試みた。いずれの場合も、スクレイピーの感染がおこった。ただし、経口接種以外では七ヵ月以内にすべてのマウスに症状があらわれたのに対し、経口接種では半数のマウスが九ヵ月後に発病したにとどまった。

こののち、スクレイピー研究の主体は羊と山羊からマウスに移行する。じっさい、この病原体を精製しようとする者はだれでも、さまざまな分画の感染力をはかるために、それらを幾百、幾千という動物に接種しなければならない。そのようなことは羊や山羊が相手では困難といわざるをえないが、マウスを使えば十分に可能なのである。そこで私たちも羊と山羊からそろそろ離れることにしよう。だが、そのまえに、もういちどひとつの問題に戻ってみよう。スクレイピーはどのように自然感染するのか、という問題である。

8 スクレイピーは自然伝染する

キュイエとシェルの研究がイギリスの獣医師たちからも広く認められたことで、スクレイピーがうつりうることは議論の余地のないものとして、だれからも認められることとなった。動物の体内に入った病原体は体内で増殖し、その結果、必要な潜伏期間を過ぎた動物の組織は、他の動物を感染させる力をもち、以降も同様にくりかえされる。はたしてスクレイピーは伝染病なのか？　つまり動物から動物へと自然にうつっていくのだろうか？

この問いかけにはマクファディアンの研究によってはっきりと答えが出されているようにもみえた。A氏の飼っている羊の群れが、X氏によって育成された雌羊によってスクレイピーを発病したことを思い出してもらいたい。ほかにも同じ方向を指し示す論文が、科学的な文献に数多く報告されていた。だが、疑問の余地はあった。スクレイピーが伝染病なら発病した動物はほかの動物たちから病気をうつされたということになるが、それではもしそれらが隔離されていれば病気にならずにすんだかというと、それもなかなか確信できなかったからだ。この疑念は、十分に管理された状態で伝染病を観察する実験がことごとく失敗したことによって、さらに強まることになった。イギリスの獣医学研究者たちによっておこなわれた実験である。

まずは、一九六四年にパティソンによって報告されたコンプトンでの実験結果である。スクレイピーに弱いとされるチェビオット種の羊十七頭が、五十五ヵ月にわたり、接種によってスクレイピーを発病した羊と山羊に密接に接触する環境におかれた。だが、十七頭はいずれもスクレイピーを発病することはなかった。また、百九十二頭の山羊が同様の環境におかれた実験でも発病した例はなかった。そして、受胎時に人為的にスクレイピーを接種された三頭の雄山羊と二十七頭の雌山羊から生まれ、この親羊たちといっしょに育てられ、また母羊から授乳も受けた三十三頭の子山羊は、生後四年が過ぎてもスクレイピーを示す兆候がまったく現れなかった。これらのまったく否定的な実験結果と、自然な状態で飼育された羊の群れに観察された伝染性とは、明らかに矛盾するものであった。

つぎにパティソンは、モアダン研究所の研究者たちと共同で新たに実験をおこなった。今回はもっと説得力のある結果が出た。二度の実験で合計十七頭の山羊が、自然にスクレイピーにかかった羊と、誕生直後から長期にわたって密接な接触状態におかれた。その結果、十七頭のうちの十頭がスクレイピーに感染したのである。さらに、誕生直後から約四年間にわたって、スクレイピーを自然発病したさまざまな品種の羊と接触状態におかれていたブラックフェース種の羊が三頭、スクレイピーに感染した。それまで、ブラックフェース種の羊は自然な状態ではスクレイピーに感染しないとされていた。つまり、この実験によってスクレイピーの伝染が確認されたということである。

これらの二つの実験の結果が矛盾するのはなぜか？　最初の実験がおこなわれたコンプトンの施設と、

つぎの実験がおこなわれたモアダン研究所の施設では、気がつかないうちに条件が異なっていたのかもしれない。また、ほかにもいくつかの理由が考えられる。とくに、感染源として利用されたのは、最初の実験では接種によって実験的にスクレイピーに感染させられた羊と山羊であり、つぎの実験では、自然にスクレイピーに感染した羊だということである。この二種類のスクレイピーには感染力に違いがあったのかもしれない。いずれにしても、二度めの実験ではスクレイピーの自然伝染が観察された。そしてこれは、牧羊業者や獣医師たちから数多く報告されている内容でも確認されたことがらであった。とはいえ、これでだれもが納得したわけではない。スクレイピー研究の権威ともいえるH・B・パリーですら、一九八〇年の死にいたるまで、スクレイピーが遺伝によってのみうつると信じていたほどである。さらにいえば、近年のすぐれた著作（*Fatal Protein. The story of CJD, BSE, and other Prion Diseases*, Oxford University Press, 1998）のなかで、この分野での専門家であるロザリンド・リドレーとハリー・ベーカーの二人は、家畜の群れの中でスクレイピーの伝播が起こることに疑念を表わし、同時に、スクレイピーがもっぱら遺伝によって引き起こされるという説を擁護している。しかしながら、研究者の大多数は、感染力が弱い可能性はあるが、スクレイピーは伝染病であるとの説を受け入れている。問題は、どのように伝染がおこなわれるかを理解することにあった。

自然の条件におかれた動物の場合、「ウイルス」の侵入経路にはどのようなものが考えられるだろうか？　病原菌のもっとも一般的な侵入経路は口である。チャンドラーはマウスを使った実験によって、マウスの場合は効率は悪いとはいえ、経口感染はありえると証明した。では、羊と山羊の場合はどうなのか？　パティソンとミルソンはチャンドラーの実験よりも早く、一九六一年の時点ですでにその問題を提起していた。二人は発病した家畜の脳の乳剤を含ませた飲み物を家畜に与えることで、その家畜を発病させることに成功していた。複数の品種からなる五十頭の羊のうち、七頭が十一ヵ月後に発病した。経口感染がありえることは確認されたが、自然な状態で起きうることなのだろうか？

かなり時間が過ぎた一九八二年のことであるが、アメリカの研究者のグループがこの説を支持する論拠を提示した。ウィリアム・ハドローと彼の協力者たちはスクレイピーを発病したサフォーク種の羊を使い、体内のさまざまな組織における病原体の分布状況を羊の成長ごとに研究したのである。年齢に応じて分類された羊たちを実験に供することで、段階別のスクレイピーの進行具合を探り、病原体がどの部位にいるのか確認するのが目的であった。

生後八ヵ月未満の十四頭の子羊の場合、分析した組織には病原体に冒された痕跡（こんせき）は一切見つからなかった。感染の確認はマウスへの接種によっておこなわれた。

ところが、生後十四ヵ月になる十五頭のうちの八頭には病原体が検出された。ただし、この時点で検出されたのは、腸とリンパ節においてだけであった。リンパ節の感染は、主として咽頭と腸に近接した部位に見られた。

生後二十五ヵ月になる羊三頭には、一頭から病原体が検出された。検出されたのは結腸を含む消化管とリンパ系の組織全体であり、また、ごく微量ではあったが、神経系にも病原体が見られはじめた。神経系にはまだ目に見える病変はなく、その羊にはスクレイピーを示す症状はまったく現れていなかった。

すでにスクレイピーの症状が現れている生後三十四ヵ月から五十七ヵ月になる九頭の羊では、病原体の存在は明らかであった。もっとも集中していたのは神経系であったが、腸を含むほかの器官も感染を受けていた。

スクレイピーの症状はまったく現れていないが、潜伏期間にある可能性のある成獣十七頭には、感染した痕跡は一切見つからなかった。

感染は口をへて、消化管と隣接したリンパ節で起こる可能性が高い。そして、リンパ管系を通って神経系へと広がる。病原体が生後十ヵ月から十四ヵ月の羊の大半で検出され、健康な三十ヵ月以上の羊からは検出されないことから考えると、若い家畜ほど感染しやすいということになる。さらに、感染後はつねに腸に病原体が見られることから、排泄物のなかにも病原体が見つかる可能性があり、感染の拡散に重要な役割を果たすことも考えられた。ただし、この説はいまのところ確証が得られていない。糞便から病原体を検出する試みは、すべて失敗に終わっているのである。だが、別の仮説がパティソンとその協力者たちによって立てられている。

スクレイピーの伝染性が示された実験が終了してから一年から二年後、実験をおこなった研究者たちは発症ないし潜伏期間にある雌羊の胎盤が汚染の媒体となりうることを確認した。出産時の羊が排出する胎盤はその後ほかの羊によって食われるのがつねである。さらに、出産期においては羊の群れがひじょうに狭いスペースに集められることが多く、病気が感染する基本条件がそろう。ただし、すでに確認されたように感染が口をへてなされることと、この時点では未確認であるが、胎盤が感染力をもっていることとが条件となる。むろん、この確認もすぐにおこなわれることになった。三年後の一九七二年、発病した雌羊から採取した胎盤膜の乳剤を経口投与したところ、羊と山羊にスクレイピーの発病が見られたのである。スクレイピーの自然感染に胎盤が重要な役割を果たしているとすれば、パティソンによるスクレイピーの伝染性の確定のための二つの実験結果での矛盾も説明できることになる。否定的な結果が出た最初の実験では、スクレイピーのキャリアであったのは雄か、あるいは妊娠していない雌であり、また、感染性が確認された二回めの実験には、妊娠中の雌がいたのである。

こうして感染の可能性のある経路がひとつ確定した。だが、実際にはどれほどの影響力があるのだろうか？　ほかにも感染経路があるとも考えられるのではないか？　とくに糞便を媒介とした感染などである。だが、これについてはいまだ感染性が証明されたわけではなく、現在のところ断定することはできない。

パティソンによれば、胎盤から感染すると考えれば、アイスランドのウイルス学者ビョルン・シーグルドソンによって一九五四年に発表され、その後別の研究者によっても確認された奇妙な現象についても説明することができる。シグルドソンによれば、健康な家畜が発病した家畜と直接接触せずとも、発病した家畜がいたことのある場所に頻繁に出入りしているだけで感染することがあるという。訪れた家畜がことごとく炭疽に感染する「呪われた地」を思い起こさせる現象である。あのときにはパスツールがその現象を解明している。アイスランドでも牧畜は経済的にも重要な産業であった。他国からの家畜の輸入によって引き起こされることの多い羊の病気は、アイスランド全土を飢饉(ききん)へ追いこむ元凶となりえた。一九四〇年初頭には、そのような状況が拡大しはじめた。三種類の新病が発生し、アイスランドにいる羊は壊滅的な打撃を受けたのである。これらの新病は、一九三四年にドイツで購入された三頭の羊によってもたらされたという。

ちょうどそのころ、デンマークとアメリカで高度な知識を学ぶ機会のあったシーグルドソンがアイスランドに戻り、これらの新病について研究を始めたのである。彼はまず、新病のひとつが、未知のウイルス（後日「ビスナウイルス」と呼ばれるようになる）による病気であることを突きとめた。アイスランドの牧畜に深刻な被害を与えたこのウイルスを根絶するには、発病した羊を含め、すべての羊を完全に絶滅させる必要があった。羊のなかには、リダに感染したものも含まれていた。リダはアイスランドでスクレイピーを指す呼称である。これらの羊がすべて処分されたため、数ヵ月後、あるいは数年後に、リダの存在しない地域で育成された羊が連れてこられた。そして、その新しい羊たちが、ことごとくリダに感染したのである。だが、同じ地域で育成された羊でも、リダが現れなかった地区へ連れてこられた羊はリダに感染することはなかった。まさに、牧場、あるいは羊小屋そのものがリダの病原体によって汚染されていたとしか考えられなかった。そしてその病原体は、新たな羊が到着するまでその場所に残り、新たな羊たちに感染することになったのであろう。

パティソンによれば、スクレイピーの病原体は頑強な抵抗性をもっているため、胎盤を媒介にして牧場や羊小屋に落ちつくと、いつまでも残存する可能性があるという。たしかに、一九九一年に報告された別の研究者による実験では、スクレイピーを発病した家畜の脳からの抽出物を三年間、地表近くに埋めても、その感染性が失われることはなかった。つまり、以前に胎盤によって汚染された牧草を口にすることで、家畜が感染することが十分に考えられるということである。

実験によってスクレイピーの感染性と伝染性を確認するには、膨大な数の動物を検査する必要がある。このような実験では、ウイルスによって引き起こされた病変は、十九世紀末のベノワの時代とくらべて、はるかに詳細な手法で検査される。そして、研究の材料には羊だけでなく、山羊やマウスも使われた。

神経系以外の器官では目に見える変化がないことは確認された。逆に、神経系の中枢にある病変は、ベノワが見たものよりもはるかに広範囲にわたって現れていた。ベノワはおもに脊髄と末梢神経に病変を見出していたが、じつは病巣の中心は脳そのものであり、基本の神経細胞に重大な変性がみられた。脊髄と同じく脳においても、この変性は細胞内や各細胞間の空胞という形で現れる。その結果、脳が部分的にグリュイエール・チーズやスポンジのような状態になってしまうのである。

フランスが第五共和制の初期にあった一九六〇年代の初頭、スクレイピーに対する知識もかなり蓄積されていた。感染症であり、確率は低いが自然な状態でも伝染することがあるとも知られるようになった。病原体は特定されてはいないが、その病原体にはホルマリンに対しても感染力が失われないなど独特の特性があり、体内のさまざまな組織で増殖し、とくに、神経系を好み、スクレイピー特有の病変を引き起こすこともわかった。とはいえ、主としてフランス人とイギリス人からなるごく少数の獣医師によって研究され、無数の家畜を犠牲にすることで得られたこれらの成果を知るのは、獣医学研究者と知識のある牧羊業者にかぎられていた。スクレイピーについての論文の刊行や学術会議の開催も、興味をもつのは彼らだけであった。スクレイピーという病名を知っている医学研究者は、世界中を探してもごくわずかしかいなかった。ましてや、一般の人々が知る機会などありもしなかったのである。

この一九六〇年代、スクレイピーが一般の人々にも知られることになった原因は、パプア・ニューギニアの人々であった。彼らは「クールー」と名を変えた〝敵〟に襲われていた。

9 フォレ族のクールー

動植物のなかには「生きた化石」と呼ばれる種類がある。太古の昔から生き延びてきたようにも見える。同じ時代に生きていたほかの種属は絶滅し、環境が変化した世界に適応した新しい種属にとって代わられた。さて、二十世紀の半ば、人類にもまた生きた化石がいた。外界から隔絶された環境で、古代の祖先たちと変わらぬ生活をしている人間の種族のことで、その一例が、オーストラリアの北に位置する巨大な島に住むある原住民である。この島を発見したポルトガルとスペインの船乗りたちは、この島にニューギニアという名をつけた。原住民にとっては不本意であったろうが、〝敵〟の追求を新しい次元に進めてくれたのが、この島の原住民のひとつであるフォレ族だったのである。

ニューギニアはひじょうに長いあいだ「テラ・インコグニタ（知られざる大陸）」そのものであった。この島の特徴は十八世紀になってようやく、偉大な船乗りジェームズ・クックによって紹介された。そして、島の内部にまで開発の手が入るのは、十九世紀初頭になるまで待たねばならなかった。その美しい外観からは予想もつかないが、この島の評判にはつねに不気味な噂がつきまとっていた。乗組員の叛乱によって水と食料が欠乏したイギリス軍艦バウンティ号の不屈のブライ船長ですら、原住民が残忍な食人種であるという噂を恐れ、近づこうとしなかったほどである。さらに、探険者にとっては島の地理と風土が恐るべき障害となって立ちはだかっていた。標高四千メートルを超す山のあるこの島は、熱帯の厚い森で覆われており、高温多湿な気候は、気候の穏やかな国から来た人間には耐えられるものではなかった。

長さが約二千四百キロ、奥行が最大で六百五十キロあるこの島は今日、政治的にはほぼ同じ面積で二分されている。西側はインドネシアの一部イリアン・ジャヤ州となり、東側はそれ自身がパプア・ニューギニアという新しい国家となっている。もっとも、いま問題にしている一九五〇年代には、オーストラリア政府の管理下にあった。この時代、未開の山岳地帯にあるいくつかの地域に住む人々は、石器時代と変わらぬ生活を続けていた。弓矢を武器とし、石斧(いしおの)を使い、棒で穴を掘り、金属も車輪も知らない人々である。彼らの世界では、原始時代のように魔術と迷信が重要な役割を果たし、魔術師が絶大な権力を誇っていた。死者を身近な存在とみなす世界である。彼らの住む地域に白人の姿はまずなかった。

オーストラリアの行政官はこの地域を「管理下」において統治を徹底し、村どうしの抗争を防ぎ、食人の儀式を根絶させようと努力していた。このように近代化を受け入れ始めた地域にある集落のひとつに、熱意にあふれたエストニア出身の若いドイツ人医師、ヴィンセント・ジガスの姿があった。

ジガスがニューギニアへ来たのは一九五〇年のことであった。ニューギニアでの驚くべき冒険について記された本のなかで、ジガスは故郷から遠く離れたニューギニアを訪れた理由について語っている。

祖国を覆いつくそうとしている不安に満ちた新たな紛争から、星条旗と、鎌とハンマーの刻まれた旗との紛争から、距離をおきたかったからだろうか？　それとも、人類について、野生にちかい人々について学び、あるいは、病気を治し、病後の世話をして彼らの役に立てるような穏やかな場所を探していたのか？　それとも、人間を、古代の人間を研究したかったからなのだろうか？(1)

オーストラリアのシドニーで四ヵ月の研修を受け、現地で医療活動をおこなうにあたって必要となるすべての知識を頭に詰めこんだジガスは、ニューギニアの最初の任地へ派遣された。この医療衛生任務の目的は、その地方で猛威をふるっているさまざまな病気で苦しむ現地民に手を差しのべることであった。やがて、その功績を認められたジガスにオーストラリア国籍が与えられ、ジガスはオーストラリア保健省の官吏となる。そして、ジガスはそのままニューギニア中央の山岳地帯へ赴任した。当然、そのような僻地を希望する人間は皆無に等しく、ジガスはただひとりの医師として、住民の数の多い地域へ向かった。なすべきことはいくらでもあった。今日でいえば、人道援助をおこなう医師にちかい役目である。厳しい作業が何ヵ月と続いた。そして、とある事故のために、彼は近くの村で膝の手術を受ける破目になった。手術が終わり回復期にあるジガスは、ある晩、フォレ族という部族の住む地区を法治下におく任務を受けもった士官と出会った。ジガスはその士官と話をするようになり、あるとき、彼の受け持っている地区の衛生状態について訊いた。士官はその地区でよく見られる病気について話したのち、「クールー」に言及した。

士官はその地区の法治下任務を進めながらも、クールーがきわめて進行の速い病気であることに目をとめていた。一九五三年十二月六日の日誌に、彼はつぎのように記している。

山地を越えて南西へ移動し、渓流に向かって進み、その渓流を越え、流れに沿って上流へ向かうと、いくつもの村があるアムシへ出る。ある村の近くで、火のかたわらに坐った幼い少女が私の注意を引いた。少女は激しい痙攣に襲われていた。頭ががくがくと揺すられるほどである。人の話では、その少女は魔術を掛けられ、食事もできずに死ぬまでふるえつづけるのだという。あと数週間の命だろうということだった。(2)

その後、士官は同じような光景を何度も目にすることになる。この病気は「クールー」と呼ばれていた。「クールー」とはフォレ族の言葉で「ふるえ、恐れ、寒気」を意味する。ジガスはよほど興味をもったのだろう。士官はジガスをその地区へ来るよう誘い、ガイドをつける約束までしたのである。人を寄せつけぬ山岳地帯のジャングルではなにごとも迅速には進まない。意志の疎通すらままならない現住民は永遠の時間を生きているようにも見えてしまう。結局、士官からガイドが送られてくるまでに、三ヵ月の時間を要したのである。ジガスはすぐに出発した。一九五五年九月のことである。山道を二日歩くと、掘立小屋がいくつか並んだだけの小さな集落に出る。ガイドが小屋のひとつを指差すと、ジガスはその小屋へ入った。小屋の隅に三十歳ほどの女が坐っていた。女は奇妙なようすをしていた。

病気には見えないが痩せ細り、顔にはまったく表情がなく、うつろな目でジガスを見ていた。ときおり、頭と身体が軽く痙攣した。寒気を覚えたような仕草であるが、気温はむしろ高いといってよかった。周囲の人間の話では、その女は魔術を掛けられ、かなり具合が悪くなってしまったのだという。そこでジガスは「魔術を解」こうと、手元にあったわずかな医療品を使ってみたが、効果はなかった。同じ小屋に住む別の者たちは驚きもしなかった。よそ者の白人が全能の魔術師にかなうはずがない、と信じこんでいる。しばらくして、ガイドがジガスにこう言った。

先生、魔法の薬を使うのはもうやめたほうがいい。その薬が魔術師より強いはずがない。私の村でも、こんなふうに多くの人間が死んでいる(3)。

ジガスにとって、クールーとの初めての出会いであった。

二日後、彼はフォレ族の居住区の中心部に着き、例の士官と会った。士官はクールーを集団ヒステリーの一種だと考えているようだった。フォレ族にとっては自然死というものは存在しない。家族の一員か、あるいは知人が病死すると、彼らはすぐに「犯人」である魔術師を捜す。近くに魔術師がいれば、まっ先に疑われることになる。近くにいなかった場合、犯人はだれでもよかった。個人的な敵、あるいは異様な外見をしている者、暮らしぶりがふつうとは異なる者が犯人にされる。魔術とみなされれば復讐が始まり、「ツカブ」と呼ばれる殺人儀式がおこなわれる。したがって、クールーで人が死ぬと、ツカブによってかならずもうひとりが死ぬことになるのである。
ジガスは自分が目にした悲惨な例を詳細に報告している。
以下は、扉の前で坐りこんでいた女についての描写である。

その女が膝の上にかかえた子どもは、動く気力もないようだった。肌に骨が浮かび上がるほど痩せ細り、まるで骸骨がふるえているようにも見えた。その子は、うつろで視点の定まらない目で私を見た。(4)

女のひとりっ子であるその子どもは、その翌日に死んだ。父親はツカブのためにすでに死亡している。ジガスはある少年に目をとめた。肩に水を入れた竹をかついでいた。少年は生け垣の隙間へ入ろうとして、つまずきそうになった。ジガスは驚いた。メラネシア系の子どもたちは、身のこなしが敏捷なはずなのだ。ガイドが説明してくれた。「あの子は膝が弱い。クールーなのだ」ようやく垣を越えた少年が近づいてくると、そこにいたほかの少年たちが一斉に笑い声をあげた。水運びの少年も笑い声に加わった。だが、ジガスの耳には少年の弱々しい笑い声が奇妙に聞こえた。
ジガスはすぐにクールの臨床像をまとめることができた。どの例でも、まったく同じ過程をたどるのである。最初に現れるのは、足どりがおぼつかなくなり、平衡感覚が失われる症状であり、やがて、上腕と胴体の仕草がおかしくなる。そして、これらの症状が急速に進行して満足に動くこともできなくなるころには、四肢、胴、首のすべてがふるえはじめる。それは精神的なショックを受けたときのようなふるえであるが、身体を休めているときには弱まり、睡眠時には完全に収まる。さらにこれらの症状に強度の斜視が加わり、感情もきわめて不安定になる。完全に身動きができなくなると、寝床で衰弱しつづけ、やがて昏睡に陥り、そして死にいたる。病状が悪化しても、知能が低下することはないようだが、言葉を話す能力は急速に失われる。

この臨床像にジガスは当惑した。彼はいくつもの仮説を立てた。士官と同じように、自己暗示による集団ヒステリー現象ではないかとも考えた。魔術を掛けられたと思いこみ、実際に病気になってしまうのかもしれない。一年ちかくのあいだ、ジガスはいくつもの仮説を強引に立てては、研究者やオーストラリア政府の行政官の注意を引きつけようとした。だが、思わしい結果は現れなかった。メルボルンのウォルター・アンド・エリザ・ホール研究所の所長である高名な学者フランク・マクファーレン・バーネット卿がジガスのもとを訪れたのも、儀礼的な訪問にすぎなかった。だが、同研究所のウイルス学者であるグレー・アンダーソンは強く興味を示し、ジガスに協力を申し出たのである。こうして、一九五六年十二月十二日のフォレ族の住む地域への二度めの派遣任務ののち、ジガスはアンダーソンを呼びよせ、クールーの犠牲者となった二十六人の採血と、一体の脳の採取をおこなわせた。ジガスはアンダーソンが採取したものから、病原体、おそらくウイルスが発見されるのではないかと期待していた。だが、数週間後に出た検査結果は期待を裏切るものであった。通常のウイルス検査では、病原菌はまったく検出されなかったのである。謎は深まるばかりだった。ジガスはふたたびフォレ族の住む地域へ向かうことにした。出発は、一九五七年三月十四日に決まった。そして、出発の前日になって、ジガスのまえに奇妙な人物が現れた。

一見するとヒッピーのようにも見える。髭（ひげ）も剃（そ）り、髪も短く切っていたが、現代社会を抜け出し、石器時代文明に逃げこむような人間に見えたのだ。すり切れたショートパンツと薄茶色のシャツを着ていた。ボタンのないシャツのあいだから、薄汚れたTシャツがのぞいていた。足にはぼろぼろのズック靴を履（は）いている。背は高く、痩せており、年齢は見当もつかない。自分で刈ったのか、不揃いな短い黒髪のせいで、二十歳前後にも見える。みすぼらしいとしかいいようのない人物だった。身体つきはよく、顔の輪郭もはっきりとし、ひどく鋭い目をし、耳がぴんと立っていた。いかにも驚いている顔である。なにか新しいものを見つけ、なにひとつ見逃すまいとしているような顔なのだ。(5)

その人物はカールトン・ガイジュセックという。のちのノーベル賞受賞者である。

一九五七年、ガイジュセックは三十五歳であった。アメリカ国籍の小児科医である彼は、高名な研究者たちの集まる研究所で高度の研修を受けたのち、研究者としてメルボルンのウォルター・アンド・エリザ・ホール研究所内のフランク・マクファーレン・バーネット卿研究室に招かれた。研究所内での研究でも少なからぬ業績をあげていたが、そのかたわら、研究所の地の利を生かして、原始社会における子どもの発育と、その子どもをおびやかす病気について研究していた。このような精神の持ち主であるため、アメリカへ帰国するやいなや、当然のようにニューギニアで新たな段階に踏み出すことを決意したのである。もっとも、パプア・ニューギニアの行政的な首都であるポートモレスビーへ到着したガイジュセックは、クールーの存在すら知らなかった。バーネット卿から話を聞かされたこともなかったのである。のちにそのことを知ったジガスは、失望を隠そうともしなかった。ジガスの作成した報告をガイジュセックが知ったのは、信託統治領保健局の新局長の口からであった。この話に興味をもったガイジュセックは、すぐにジガスに会うことにしたのである。出発する前日に会ったジガスにとっては、まさに思いがけない出会いであった。

一年半のあいだ気にかけつづけてきた問題に、真執な興味をもってくれる研究者が現れたことで、ジガスは狂喜し、ガイジュセックも連れてゆくことにした。そして、一年に及ぶ密度の濃い研究が始まった。効率的で情熱的な協力も得られた。ジガスとガイジュセックとの協力関係だけではない。オーストラリアの研究者たち、そして、研究にこころよく手を貸してくれた現地民もまた、二人の味方となってくれたのである。仮設の研究所が建てられ、そして、患者を受け入れる施設もおかれた。理想的とはいえないまでも、採取や解剖、いくつかの基礎分析がどうにかおこなえるような状況になった。採取されたサンプルはオーストラリアとアメリカへ送られた。そして、研究所での作業は臨床像の作成、疫学上のデータの集積、病気の地理的な分布図の作成を主とするようになった。

一九五七年も終わりに近づいた九月か十月ごろ、病理組織学的検査の結果が到着した。分析をおこなったのは、米国国立衛生研究所（ＮＩＨ）の研究員イゴール・クラッツオである。ジガスとガイジュセックが問題にしていた病因についての結論は出なかったが、この分析結果には、後日、少なからぬ重要性を帯びたことからが記されていた。

クラッツオは脳と脊髄の変性した神経細胞を観察していた。同じような変性を引き起こす病気がほかにも一つだけあった。クラッツオの頭にうかんだ病気は、クロイツフェルト・ヤコブ病である。ガイジュセックもジガスもクロイツフェルト・ヤコブ病のことは知らなかった。まだ二十例ほどしか報告例がなく、英語で記された文献も皆無だったのである。

また、クラッツオは研究した十二例のうちの半数で、奇妙なしみのようなもの、いわゆる「斑（はん）」が主として小脳やそのほかの神経組織の切片に見られるのを発見した。そして、彼は適当な染料をもちい、その斑の構造を明らかにした。それは繊維が集まってできているようで、色の濃い中心部のまわりに放射状に広がっていた。この斑は、アルツハイマー病にかかった人間の脳に多く見られるいわゆる老人斑と共通していた。だが、細かい点でいくつかの違いも見られた。一方、クロイツフェルト・ヤコブ病の患者にこのような斑があることは報告されていなかった。ただひとつ例外はあったが、その場合は斑の分布のしかたが異なり、小脳には斑が見当らなかったのである。

この結果が届けられたのとほぼ同じころ、ガイジュセックはジガスの観察を科学界に知らせるべく二つの論文を発表した。一九五七年のことである。二人は臨床像を詳細に記述し、疫学的に記された最初の資料を完成させた。

この病気は発熱を引き起こすことはない。特徴となるのは、潜行的に動作が困難になることである。この症状は漸進的に悪化し、早期に胴、頭、手足の痙攣を併発する。この痙攣と運動障害は…患者が筋肉を活動させるとき、あるいは患者が疲労したときに強まるが、休息時には弱まり、睡眠中は消失する。…とくに肝臓における器官の異常は見られない。

痙攣、運動困難、協同運動障害は、その症状が現れてから一ヵ月から三ヵ月にかけて悪化しつづけ、その後、患者は杖がなければ移動することもできない状態となる。一ヵ月から二ヵ月後、患者は歩くことが、あるいは一人で立つこともできなくなり、坐った状態での平衡感覚も徐々に失われはじめる。病気にかかってから最初の数ヵ月は知能に異常はないが、言葉は急速に不明瞭で聞きづらくなり、やがて理解不能になる。この言語障害と同時に、知的機能の急激な低下が目につくようになる。患者はしばしば強度の興奮に襲われる。とくに、理由もなく無意味で騒々しい笑い声をあげたり、まのびした表情をうかべることが多い。…一般に、患者は障害が極度に悪化するまでは、その社会的な環境から抜け出すことはない。移動が不可能になると、患者は小屋の暗がりに放置され、太陽の光を目にすることもなくなる。失禁が目立つようになり、言葉は完全に失われる。…そして最後には、咀嚼も嚥下も不可能となり、餓えと、不動から来るさまざまな併発症によって、死亡する。…最終段階の患者には、かならず強度の斜視が見られる。この病気にかかって一年以上生き延びる者はまれであり、一般には、三ヵ月から六ヵ月で死にいたる。[6]

クールーになるのは四歳以上の者だけであった。子どもの場合、男女とも同じように発病していた。逆に大人の場合では、女性が男性にくらべて十倍から二十倍ほどの確率で発病している。これは奇妙な現象であり、解明する必要があった。地理的な分布もまた、意外なものであった。クールーが見られるのは、長さ六十キロ、幅三十キロほどの小さな区域にかぎられていたのである。発病するのはフォレ族と、それより数は少ないが、フォレ族の人間と結婚した近隣部族の人間たちだけだった。右にのべた区域ではフォレ族の人口の約一パーセントが発病し、毎年、約一パーセントが死亡している。フォレ族のいくつかの氏族では、人口の五パーセントから一〇パーセントが発病し、過去五年間の死者の半数はクールーによるものであった。クールーの犠牲者は総計で数千人にも達していた。これだけでも十分に高い数字であるが、このほかにもツカブという復讐の対象となり、ツカブによって殺された「魔術師」や、クールーで母親を失った幼い子どもたちも、犠牲者の数に加えるべきだろう。

クールーの原因そのものについては、ジガスとガイジュセックは見当がつかないと告白している。クールーのことを初めて耳にしたとき、ガイジュセックはすぐに感染症を疑った。そして、研究を始めた当初は、病原菌を突きとめることもできるだろうと期待していた。だが、研究が進むにつれ、確信は揺らいでいった。患者に免疫反応がまったく見られなかったのである。病原菌による病気であれば、原則として人体による防御反応が始まり、とくに発熱、炎症を起こすはずである。この現象は、体内に侵入した菌を根絶するために特別な(免疫)細胞が活動を開始するためである。だが、クールーの患者にはそのような反応は皆無であった。さらに、オーストラリアとアメリカの研究所によっておこなわれた、患者から採取したサンプルから病原菌を検出する試みもすべて失敗に終わっていた。逆に、家族性ともいえる発病の特徴から、遺伝的な原因がフォレ族特有の生活環境と結びついて、発病が促進されるのではないかとも考えられたのである。

10 崩れ落ちた壁

壁とはいってもベルリンの壁ではなく――舞台はまだ一九五九年であり、ベルリンの壁はまだ築かれたばかりである――、医師と獣医師とを隔てる壁のことである。この年、人間に襲いかかるクールーと家畜に襲いかかるスクレイピーとの関連性が、新たに提起されようとしていた。

話をコンプトンに戻そう。パティソンらが研究を続けているイギリスの研究センターである。一九五八年、アメリカへ輸出された羊のスクレイピーが問題になったその年、アメリカは獣医師のウィリアム・ハドローを研究のためコンプトンに派遣した。

一九五九年九月五日、ハドローは『ランセット』誌に短い投書を発表した。この投書にはきわめて重要なことが記されていた。書き出しはかなり控えめなものであったが、獣医師があえて人間の医療を扱う雑誌に寄稿するという立場を考えればそれもうなずけるだろう。さらには、人間の病気と家畜の病気を比較することが厳しい批判を招きかねない行為であるという自覚もあった。それでもハドローは、スクレイピーとクールーとのあいだに、明らかな類似性があることを記している。そして、投書の末尾では、控えめな口調で提案をしている。

獣医師たちによって得られたスクレイピーに関する研究結果を考慮に入れれば、クールーの霊長類への接種の可能性を探ってみることも有益であるといえるかもしれない。スクレイピーの出現に介在するメカニズムが――たとえ、それがどれほど異常なものであるとしても――動物特有のものではないと、あえて考えることも許されることであろう(1)。

スクレイピーとクールーに類似性があるのであれば、クールーがスクレイピーのように感染力をもっているのか調査するのも妥当であるといえよう。人間を使って実験することはできないが、人間にいちばんちかい動物である霊長類ならば、伝達実験も可能である。チンパンジーならば、山羊や羊よりもはるかに人間に近い。それに、ハドローはその投書のなかで、クールーの潜伏期間がかなり長期間である可能性があるとも述べている。

このハドローの提案は、ガイジュセックにとっては啓示であった。クールーの研究をアメリカ人に独占されるのを嫌ったオーストラリア当局の意向もあったが、ガイジュセックは、一時パプア・ニューギニアを離れることになった。彼はスクレイピーについての知識を深めるため、ハドローや、コンプトンとモアダン研究所の研究者たちに会いに行くつもりであった。彼らのもとを訪れたガイジュセックは、クールーを動物にうつす実験では霊長類を使うべきだと確信した。そして、実験の結果が現れるまでには、長い時間がかかることも理解していた。ガイジュセックによって最初のチンパンジーに接種がおこなわれたのは、一九六三年八月のことであった。

チンパンジーに現れた変化について述べるまえに、対極的な立場についてもふれることにしよう。オーストラリアのアデレード出身の若い医師マイケル・アルパーズもまたフォレ族のもとを訪れ、ふたたびその地へ戻ったガイジュセックと協力して、クールーの研究にあたっていた。アルパーズとガイジュセックは疫学的な面から広く研究をおこない、クールーが時とともにどのように広がってきたかに注目した。最初の分析結果は、クールーが近年になって発生した病気であるということだった。数多くの証言によれば、この病気が現れたのは四十年から五十年まえ、つまり二十世紀初頭のことであるという。二つめの結果は当惑する内容であった。ジガスとガイジュセックが初めて観察をおこなった一九五七年以来、クールーの発病数が減少していたのである。ゆるやかな減少ではあったが、子どもたちの発病数についてはとくに顕著に現れていた。クールーの発病数の減少を、ちょうどクールーの研究が始まったころに開始されたオーストラリア当局による地域法治下の過程に結びつけたくなるのは当然のことであろう。この仮定をさらに強めてくれた事実もあった。それは、発病数の減少がもっともいちじるしい地区は、ヨーロッパ文明が最初に入ってきた地区だということである。白人によって原住民の生活様式にさまざまな変化がもたらされるにつれ、どの変化がクールーに影響を与えたのかを突きとめることも、容易ではなくなってしまった。法治化の過程で完全に失われてしまった風習のひとつに、食人の儀式があった。この儀式では、フォレ族の人間が死んだ身内の人肉を食べる。そして、クールーで死んだ者の肉を食べれば、クールーにならずにすむと信じられていた……。

しかし、チンパンジーの話へ戻ることにしよう。ガイジュセックによるチンパンジーの実験である。一九六六年二月、ガイジュセックと彼の研究に協力したジョー・ギブズ、マイケル・アルパーズの三人は最初の実験結果を発表した。クールーの犠牲者となった三人の人間の脳からつくった乳剤を三頭のチンパンジーの脳内に接種したところ、十八ヵ月から二十一ヵ月後になって、クールーを発病した人間と驚くほど似た症状が現れたのである。程度の差こそあれ、すべての症状が再現していた。平衡感覚の喪失、痙攣、食物を摂取する能力の喪失、斜視。そして、数ヵ月後にはこれらの症状は致命的に悪化した。注目すべき類似点は、神経系に病変があり、小脳にも独特の変性がはっきりと存在したことである。ガイジュセックのこの実験はまさに、三十年まえにキュイエとシェルがおこなったスクレイピーの実験の再現といってもよかった。まさにハドローが予期したとおりであった。クールーはスクレイピーと同じふるまいをみせたのである。

　ガイジュセック、ギブズ、アルパーズの三人は、クールーを別のチンパンジーにうつすことにも成功し、自分たちの出した結果が正確なものであることを確認した。このときには、人間の発病者だけでなく、最初の実験でクールーに感染したチンパンジーからの接種もおこなわれたのである。この二回めの実験では、潜伏期間が一年にまで短縮された。ここでも「ウイルス」が新たな宿主に順化する現象が認められた。スクレイピーで見られた異種間の伝達での状況と同じものである。

　ガイジュセックはほかの神経系の慢性疾患もクールーのように伝達しうるのではないかと考えはじめた。そう考えていくつか実験したものの、すべて失敗に終わっている。このときに実験の対象とされたのは、多発性硬化症、パーキンソン病などの病気である。しかし、一九六八年におこなわれた再度の実験では、ガイジュセックとその協力者たちはクロイツフェルト・ヤコブ病をチンパンジーにうつすことに成功したのである。クロイツフェルト・ヤコブ病を発病したチンパンジーの症状は、クールーをうつされたチンパンジーの症状とよく似ていた。どうやらクロイツフェルト・ヤコブ病、クールー、そしてスクレイピーは、類似の病原体によっておこる類似の病気であるらしかった。そこでこれらの病気を指し示すために、ひとつの総称がつけられることになった。〝敵〟はついに専門的な用語で呼ばれることになった。それが「亜急性海綿状脳症」である。ここで示される脳症とは、脳のある部分がスポンジ(海綿)状に変性した結果であり、また、亜急性とは、病状がゆるやかに進行することを意味する。これら一連の病気には、後日、「伝達性」という性質も付加され、一般に「伝達性海綿状脳症」と呼ばれることになる。

さて、最後にもういちどだけパプア・ニューギニアへ戻ることにしよう。疫学上の研究を続けていたアルパーズは、一九六四年に確認された傾向に、さらに拍車がかかってきていることに気がついた。クールーが消滅しようとしていたのである。とくに子どもたちの発病が明らかに減少していた。この急激な減少と食人の風習の終焉との関連性は、しだいに明らかなものとなってきた。ガイジュセックらの研究によって、クールーの感染性も確認されており、食人という行為によってクールーがひろがることも、ほぼ間違いないと考えられるようになった。さらに、女性や幼い子どものほうが、成人の男性よりもクールーの病原体と接触する機会が多いことも明らかになっていた。遺体を細かく切り分けるのは女性の仕事であった。この作業のあいだに、小さな傷口などから皮膚感染が起こる可能性も考えられる。このような女性が抱きかかえた幼い子どももまた、同様の危険にさらされていたのである。遺体のうち脳と内臓を口にするのも女性と子どもだけであった。美味とされる肉、つまり筋肉を口にできるのは男性だけであった。この食人の風習から考えれば、なぜクールーが男女を問わない子どもと、女だけに広まったのかも理解できる。クールーが家族性の病気であることも、食人が家族のあいだでおこなわれていたことから説明できるだろう。ガイジュセックはつねに感染の経路として、口よりも皮膚を重要視していたようである。一九六一年にはパティソンらによって、羊においても山羊においてもスクレイピーの経口感染が成功していることを考えると、彼がなぜそう考えたのかよくわからない。おそらく、小さな子どもたちが非常に早い時期、まだ食人儀式に加わる年齢に達していない頃に感染したことを示すデータがいくつもあったせいだろう。

クールーはその後、ほぼ完全に消えさってしまったが、まだ生き残っている患者たちもいたため、この病気の潜伏期間についての複数のデータも手に入れることができた。一九五〇年代末に食人の風習が完全になくなると、その後に出現したクールーの症例は、すべてその時点より以前の感染によるものだということになる。きわめてまれではあるが、四十年が過ぎた今日になっても、いまだにクールーの症例が報告されることがある。クールーとクロイツフェルト・ヤコブ病が同一の病気ではないかと思えるほど、きわめて高い類似性があることから考えれば、このデータは将来、なんらかの事故によってクロイツフェルト・ヤコブ病の感染が生じた場合に、ひじょうに重要な意味をもつことになるだろう。

残る問題は、クールーがどのようにしてフォレ族にもたらされたかということである。この点はいまもなお推測の領域にとどまっている。もっともありそうなのは、原因不明のクロイツフェルト・ヤコブ病がフォレ族に発生したというものである。クロイツフェルト・ヤコブ病は世界各地で確認されているのだ。そして、この病気が食人の儀式とともに広まる。フォレ族のなかで人から人へうつっていくうちに、病原体が順化し、クロイツフェルト・ヤコブ病とわずかに異なるクールー独特の臨床症状をもたらした、というのである。

こうして、クールーはスクレイピーを閉ざされた世界から解放した。だが、クールがもたらしたものはそれだけではなかった。クールーを研究することによってはじめて、神経系を変性をさせるいくつかの人間の病気が感染性であるという可能性が示されたのである。この感染の元凶である病原体は、感染した宿主のなかでの成長の遅さにしても、物理的な性質にしても、きわめて特殊な存在であると思われた。その異様さゆえに、若く根気のある研究者たちの注目を集めることになったのである。パプア・ニューギニアの山岳地帯の冒険から始まり、クールーとクロイツフェルト・ヤコブ病が病原体によって引き起こされる病気であることを証明したガイジュセックの成功は、科学界に広く認められるべき業績であった。そして、数年後の一九七六年、ノーベル賞委員会から医学・生理学賞を授与されることになるのである。

ガイジュセックらの成功はまさに称賛に値するが、新たな不安も浮かび上がってきた。海綿状脳症が同一の種だけでなく、異なる種のあいだでもうつり、口を経由することでも感染しうるというのなら、また、スクレイピーの病原体がクールーやクロイツフェルト・ヤコブ病に類似しているというのなら、羊の肉を食べることで人間がスクレイピーに感染することもありうるのではないか？　おそらくそのような不安を頭にいだいたからこそ、ガイジュセックはスクレイピーをサルにうつす実験をおこなったのであろう。また、彼は逆にクールーとクロイツフェルト・ヤコブ病をチンパンジー以外の動物、とくに羊と山羊にうつす実験もおこなっている。しばらくは失敗が続いたが、ついに一九七二年、接種から五年五ヵ月の期間をおいてスクレイピーをオナガザルにうつすことに成功したのである。そうこうするうちに、クールーとクロイツフェルト・ヤコブ病がオナガザルを含む大部分のサルにうつせることが確認された。こうして、同一種のサルがスクレイピーと人間の海綿状脳症の両方に感染しうること、そして、これによって発生するそれぞれの症状が互いに類似していることが証明されたのである。それから数年が過ぎた一九八〇年、ガイジュセックらの研究グループは、クールー、クロイツフェルト・ヤコブ病、スクレイピーの経口感染がリスザルのような小型のサルで起こりうることを報告した。これは、感染が「自然に」起こるということ、つまり、体内組織への感染が人為的な接種によるものではなく、たんなる食べ物の摂取によって起こるということを意味している。

少しばかり先回りしすぎたようだ。一九六〇年代のおわりごろへ戻ることにしよう。伝達性海綿状脳症は明確に定義された。人間と動物を問わずに感染するこれらの病気は、きわめてよく似た臨床症状を引き起こし、いずれも神経系に類似した病変をつくりだすのが特徴である。どの病気も感染物質の脳内への接種によって効率よくうつせるが、口を含むほかの経路からの接種によってもうつすことができる。

その後の重要な課題となるのは、問題となっている病原体の正体を突きとめることであった。この病原体がウイルスであるとすれば、かなり特殊なウイルスであろう。これらのウイルスの存在は、一九三六年、すでにキュイエとシェルによって提起されていたが、実際にその姿を目にした者はまだひとりもいなかった。ほんとうにウイルスなのか、それともそれまで報告されたことのない新種の病原体なのだろうか？　この問題に取り組んだのが、一九五〇年代から六〇年代にかけて現れた新たな学問、分子生物学である。

11 真珠の首飾りから二重らせんへ

一九六〇年代末。パリにかぎらず、アメリカや先進国のいたるところで、学生運動が盛んになっていた時代である。

〝敵〟の追求は、モンタージュを作成するところまで進んでいた。〝敵〟は似かよった姿に身を変えて羊や山羊を襲った。スクレイピーである。そして、人間にも襲いかかった。パプア・ニューギニアのフォレ族のクールーであり、そして、ほかの場所でもクロイツフェルト・ヤコブ病という名を帯びて人々に襲いかかる。同一種にかぎらず異なる種のあいだでも実験的伝達が可能な〝敵〟が、ある種の病原体によって引き起こされることはほぼ間違いない。自然な状況での伝播力はきわめて弱い。羊と山羊では自然感染も確認されているが、そのメカニズムはまだ解明されていない。汚染された胎盤を摂取したことによるものと考えられているが、ほかの感染経路も否定はできない。人間の場合では、フォレ族の食人の風習がクールーに疫病のような性格を与えていた。だが、クロイツフェルト・ヤコブ病が「伝染病」であると考えるのは難しい。人間から人間へうつった例が報告されたことは一度もなかったのである。とはいうものの、いまだあやしげなこのモンタージュをさらに崩してしまうような二つの要因があった。

ひとつは、さまざまな観察結果が、〝敵〟が遺伝病である可能性を示唆していることである。羊の場合、スクレイピーが遺伝病であるという説は、すでに一七七二年にコマーによっても唱えられていたものであるが、いまもなおパリーのような高名な獣医学研究者に支持されている。パリーはスクレイピーが伝染性であることを強く否定している。人間のクロイツフェルト・ヤコブ病の場合、患者の家族に発病者がいる例が多く、やはり遺伝性の病気ではないかと考えられることもある。どうしてひとつの病気が感染症であると同時に遺伝病でもありえよう？　一九一三年にスチュアート・ストゥクマン卿が書いていたことは、一九六〇年末にもまだ通用していた。つまり、「遺伝性であると同時に伝染性であるような病気はひとつも知られていない」かったのである。

もうひとつの要因とは、病原体を特定する試みが失敗をくりかえしていることである。いかなるフィルターをも通り抜けてしまうということから考えても、病原体は細菌ではなく、当然ながら寄生虫や微細な菌類ということもありえない。二十世紀初頭から優勢になった実用的な定義によれば、フィルターを通り抜ける病原体はウイルスだということになる。そして、ウイルスは通常、電子顕微鏡によって見ることができ、組織培養液で培養することができ、精製することができる。この精製こそが今後の研究者たちの課題であった。だが彼らの方法を理解するには、推論の前提となる生物学の概念的枠組みを知る必要がある。というのは、この枠組みは、ウイルスや遺伝子の概念が定義された二十世紀初頭から大きく変わっているからだ。生命科学は、いわゆる「分子生物学」の誕生とともに、まさに革命的な変化を経験した。分子生物学はおおよそ一九五〇年——ヴィンセント・ジガスがパプア・ニューギニアへ到着した年である——から、ガイジュセックがクロイツフェルト・ヤコブ病をチンパンジーに感染させるのに成功した一九六〇年代末にかけて現れてきた学問である。

分子生物学は生命の謎を解き明かすとまでいわれている。その謎とはなにか？　生物とは何だろうか？　存在し、行動し、生殖する。存在は、原子と分子からなる物質的な存在を意味する。行動は、いくつかの機能を行使することである。生殖には、たとえば細菌が成長、分裂し、まったく同じ二体の細菌を生み出すような無性生殖と、それとは別に有性生殖がある。生命の謎を知るということは、生物を存在させ、行動させ、増殖させるものがなにか、それを理解することにある。

十九世紀半ばにはメンデルによって、そして二十世紀初頭には遺伝学の創始者たちによって謎をつつむベールの一端がめくられた。生命の謎は遺伝子のなかに隠されていたのである。遺伝子には二つの大事な性質がある。一つは自分のあるべき姿となすべきことを各細胞に知らせること、もう一つは自分自身と同一のものをつくり、続く世代へ伝えていくことである。だが、遺伝子はまだ概念にすぎなかった。それが何から構成され、どのようにその役割を果たすのかを知らなければならなかった。

パスツールの細菌学とメンデルの遺伝学が出会うことによってのみ、光明はもたらされる。

分子生物学が始まるきっかけとなった発見についてふれるまえに、まずは、生物の構成要素がどのようなものか、ふり返ってみる必要があろう。ウイルスについてはのちほどふれるので別にするとして、生物は細胞から構成され、その細胞は分子から構成されている。生物のあらゆる細胞に存在する分子があれば、特殊な細胞にしか存在しない分子もある。前者の場合、分子は比較的単純な構造をしている。

つまり、数十個単位の少数の原子から構成される分子である。これに対し、後者では、分子は数百から数千の原子から構成され、ひじょうに複雑な構造をしている。巨大分子である後者は、小さな分子が化学的に結合した重合体（ポリマー）である。その一例をあげれば、ジャガイモや穀物の主要成分となる巨大分子デンプンは、炭素原子六個、酸素原子六個、水素原子十二個からなる小型のブドウ糖分子がそれぞれ数十から数百個ほど結びついた重合体である。

どんな細胞も、生きていくために、自分に必要な原子を含む分子を栄養のかたちでまわりの環境から摂取し、それらを自分自身の成分に変える。そのためには膨大な数の化学反応が起こらなければならない。それらの反応によって、栄養を分解して吸収しやすい小さな分子にする一方、それらの分子をもとにして細胞の成分をつくる、つまり合成するのである。そこでまず、ひとつの細胞は、それが起こすことのできる化学反応の全体によって、つまり合成することのできる成分の全体によって特徴づけられるといえる。一般に、これらの化学反応はひとりでには起こらない。どの反応にも固有の触媒が必要である。十九世紀末以来、生体の化学反応は、酵素というタンパク質の仲間を触媒として起こることが知られている。

したがってひとつの細胞は、それに含まれる酵素の全体によって決まるといってよい。となれば、すぐに思いつくことがある。細胞の特徴を決めるのが遺伝子なら、遺伝子は何らかの方法で酵素の生成を支配しているはずだ、と。

今日ではあたりまえのことに思えるが、アメリカでジョージ・ビードルとエドワード・テータムがはじめてこの説を発表した一九四〇年代初頭には、まだあたりまえのことではなかった。もともと遺伝子は、エンドウマメの豆の色のような遺伝形質の媒体として定義されたものであった。この形質が自然にさまざまな変化を与える。ある色をした豆から、ある種のエンドウマメを栽培していると、ときおり別の色の豆が実ることがある。この変化は「変異」と呼ばれた。遺伝子の存在が認められたのは、遺伝子において形質の変化をうながす変異が起こりうるという事実からであった。いささか非物質的な存在であったといえよう。そして、ビードルとテータムの実験によって、遺伝子は現実的な存在をもちはじめた。

二人が成功した理由は二つあった。一つは単細胞生物（この場合は微小な菌類［アカパンカビ］）をえらんだことで、これはメンデルのエンドウ豆よりはるかに速く成長するという利点があった。もうひとつは豆の色よりはるかに化学的な定義が容易な形質に着目したことである。それらの形質は、実験にもちいた菌類の次のような能力に関係していた。つまり、この菌類は自分の生育に必要な小さな分子を、ほとんどすべて自分で合成できるのだ。ビードルとテータムは、これらの分子のどれかひとつを合成できず、したがって培地にその分子を入れてやらなければ生育できない変異体をつくり出した。そしてそれらを研究した結果、変異によって分子の合成ができなくなったのは、どの分子の場合も、特異的な酵素がないために化学反応を起こすことができなくなったからだということを理解したのである。したがって、変異によって働きを失いうることをもって遺伝子の定義とするならば、どの遺伝子もそれぞれ決まった一つの酵素の生成を支配していなければならなかった。

細胞を特徴づける一揃いの酵素を指示してくれるこの遺伝子とは、いったい何でできているのだろうか。答えは二度に分けてあたえられた。いずれも一九四〇年代前後の話である。

パスツールの足跡をすぐそばからたどっていた細菌学者フレッド・グリフィスによって道は開かれた。グリフィスはパスツールによって発見された細菌で、重い肺炎を引き起こす原因とされる肺炎菌に注目した。この細菌から身を守るためのワクチンを開発するためにパスツールが炭疽菌でおこなったように、グリフィスもまた、毒性を弱めた肺炎菌の変種を手に入れた。一九三二年のある日のこと、彼はワクチンの効果を高めようとして、無毒化した肺炎菌だけでなく、熱で殺菌された通常の肺炎菌をマウスに接種した。すると驚いたことに、マウスが肺炎を引き起こして急死してしまったのである。奇妙な現象であった。無毒化された肺炎菌にも、また、殺菌された肺炎菌にも単独では肺炎を引き起こす力はない。ひととおり検証を終えたグリフィスは驚くべき結論に達した。殺菌された肺炎菌が無毒化された肺炎菌に「なにか」をもたらし、後者が病原性を身につけることになったのだ。無毒化された細菌の遺伝形質を変化させてしまうその「なにか」には、「形質転換因子」という名がつけられることになった。無毒化された細菌に欠けていた病原性の遺伝子が与えられたとしか考えられなかった。それはとりもなおさず、形質転換因子がその遺伝子そのものである、ということである。

ニューヨークのロックフェラー研究所のオズワルド・エーブリーらの研究グループはその説に賭け、そして成功を収めることになった。彼らは一九四四年に研究結果を発表した。きわめて厳密でありながらも謙虚に記されたその論文は、科学史のなかでも一、二を争う重要な論文となった。形質変換は「デオキシリボ核酸」あるいは「DNA」と呼ばれる巨大分子化合物なくしてはおこなわれない、というものである。興味ぶかいのは、遺伝子を運ぶとみなされる染色体がある細胞核のなかに、この種の巨大分子が含まれていることが、かなり以前から知られていたことである。ただ、それまではこの巨大分子にそれほど重要な役割があるとは考えられていなかった。この巨大分子はデンプンのように小分子ひとつではなく、四つの分子から、すなわち「アデニン」「チミン」「グアニン」「シトシン」といった四種類の「塩基」から構成されている。また、これら四つの塩基は「A」「T」「G」「C」と略される。

つまり遺伝子はDNAによって構成されているというのである。

論文が発表されて以来、DNAは科学界の注目をあびることになった。

そのなかでもとくに強く興味をいだいたのが、きわめて独創的な考えかたをする二人の研究者である。イギリスのケンブリッジにあり、X線の回折による分子構造の研究を専門にするキャベンディッシュ研究所に勤めるこの二人が、ジェームズ・ワトソンとフランシス・クリックである。二人の発見についてはこれまでにも数多く語られてきた。そのなかでもワトソン自身の著した『二重らせん』は広く知られている。

二重らせん、たしかにそれが二人が提示したDNAの構造である。しかしたんにそれだけだったら、審美的な側面は別として、遺伝子の機能の解明に大きく貢献したとはいえないだろう。重要なのは、この二重らせんの内部構造である。ワトソンとクリックによれば、DNA分子はらせん階段のような形状をし、階段の一段一段に相当するのが二つの塩基であるという。それぞれの塩基は強い化学結合（「共有結合」と呼ばれる）によって階段の手すりの一方に相当する柱のひとつに結合され、さらに、弱い化学結合（水素結合）によってもう一本の柱の塩基に結ばれている。構造の根底にあるのは、その塩基によって水素結合で結ばれる相手の塩基も決まってくることである。Aはかならず T と結び付き、Tはかならず A と結びつく。そして、G はかならず C と結びつき、C はかならず G と結びつく。つまり、らせん階段の段は AT あるいは TA、GC あるいは CG となるのである。塩基構造としては、これらの組み合わせだけしかない。自分たちの提示したらせん構造がはかりしれない影響力をもっていることを、ワトソンとクリックは自覚していた。このことは一九五三年四月に科学誌『ネイチャー』に発表された論文の最後の文章を見れば明らかであろう。これは科学的な文献のなかでももっとも有名な接辞法のひとつである。

私たちの提起した特殊な組み合わせを見れば、それが遺伝物質の複写のためとおぼしきメカニズムであることを想起せずにはいられない。[1]

このイギリス人らしい（ワトソンはアメリカ人であるが、それでも変わりはない）表現の裏には、分子生物学の土台となる二つの強烈な考えが隠されていた。

ひとつはこうである。ファスナーを開くように、それぞれ結合した二つの塩基を切り離して二重らせんを開いて一本の鎖にすれば、その鎖が塩基の配列を決め、その配列に従って細胞内にある独立した塩基が鎖に並んだ塩基に重合する。このとき、独立した塩基ATGCは一律に、鎖に並んだ対応する塩基TACGの正面の位置に着く。その結果、最初のものと同じ二本の二重らせんが形づくられる。つまり、遺伝物質が自己複製されるのである。

もうひとつの考えは影に隠れ、はっきりと説明されることはなかった。それは、塩基の四つの組み合わせAT、TA、GC、CGが二重らせんのなかで並ぶ順番そのものが、タンパク質の合成をおこなわせるある種の暗号である、という考えである。

この二つの予想はその後、十分に証明されることになった。暗号も解読された。暗号に記された「文字」は、「コドン」と呼ばれる三つの塩基の組み合わせである（このコドンには六十四とおりの組み合わせがある）。DNAに含まれるコドンの並び順によって、「アミノ酸」と呼ばれる二十種類のタンパク質を構成する要素の結合のしかたが変わってくる。

暗号解読のメカニズムも判明している。解読は二段階に別れる。第一段階は「転写」である。一時的に二重らせんが開かれ、原本に忠実な遺伝子の複製がいくつも合成される。合成されたものはDNAにきわめて似たものであるが、二重らせんではなく一本の鎖から構成されており、「メッセンジャーRNA」と呼ばれる。第二段階は「翻訳」である。ここで活躍する「アダプター」は、一方でコドンを、一方で対応するアミノ酸を認識する。このアダプターによって、メッセンジャーRNA上のコドンの配列にしたがってアミノ酸が配列される。この翻訳の段階は、「リボソーム」と呼ばれるきわめて複雑な巨大分子の上でおこなわれる。

こうして、アミノ酸からなる直線的な重合体の形状をしたタンパク質が合成され、その性質と配列によって個別の特徴をもつことになる。しかし、これらのタンパク質は直線的な鎖の形状のまま細胞内にただよいつづけるわけではない。この鎖はみずから折れ曲がり、巻かれたようになって、幾何学的にきちんときまったコンパクトな立体構造をなしている。この形状になることで、タンパク質は生物学的な活動を開始する。酵素であれば触媒として作用し、特別な化学反応を起こすことになるのである。

もはや遺伝子はたんなる首飾りの真珠ではない。遺伝子は二重らせんの断片であり、その断片のなかで、一連の塩基の組み合わせの配列がタンパク質中のアミノ酸の配列を決定するのである。変異とは、塩基の配列が変更されたことによって起きる。ある塩基が別の塩基によって置き換えられるだけでも、また、連続した複数の塩基が欠落、あるいは付加されることで、遺伝子によって暗号化されたタンパク質中のアミノ酸の配列が変化してしまう。このタンパク質が酵素であれば、その酵素としての機能が失われ、あるいは変更されてしまうことになるのである。

すべての生きている細胞中にある遺伝子は、染色体に含まれるＤＮＡによって構成されている。この遺伝子に刻まれた情報を解読するために、細胞はひじょうに複雑な機能をそなえている。このことは多細胞生物の組織細胞だけでなく、細菌などの微細な単細胞生物の細胞でもいえる。

ただし、ウイルスの場合は別である。ウイルス自身かなり特殊な存在であり、完全な寄生体なのだ。おおまかにいえば、ウイルスは核酸によって構成され、ウイルス特有のタンパク質を含む殻で外界から守られている。遺伝子をもってはいるが、自分の遺伝子に刻まれた情報を解読する機能がないため、遺伝子を他者であるところの細胞に注入する。そして、その細胞はあたかも自分の遺伝子を解読するように、ウイルスの遺伝子を解読し、ウイルスの増殖に必要な成分を合成してしまう。このなかには、ウイルスの殻となる特殊なタンパク質も含まれる。

以上が一九六〇年代の末、〝敵〟の正体である病原体の探索をはじめた研究者たちが知っていた事柄である。消去法をもちいれば、病原体はウイルスとしか考えられなかった。そして、病原体がウイルスであるのなら、その病原体には核酸が含まれているはずであった。

12
姿なきウイルス

一九六六年二月。同月、クールーをチンパンジーに感染させる実験についての成果をガイジュセックが発表した。これによって、ハドローが暗示したように、クールーはスクレイピーに酷似した病気であることが判明した。そして同じ二月、ある論文が発表され、科学界を当惑させることになった。クールーやスクレイピーを引き起こす「ウイルス」について、当時、どれほどのことが知られていたのか？ここではより情報がそろっていたスクレイピーについて話をすることにしよう。多くの点で、この「ウイルス」は以下の点できわめて特異な存在であるとみなされていた。すなわち、免疫反応を起こさせないこと、分離の試みが失敗していること、そして、物理的、化学的にきわめて強い抵抗性をもっていることである。

一九三七年にベルトランとリュカン、カレの三人は、病状が進行するあいだも発熱反応は見られない、と記していた。三人が強調したこの点は獣医学研究者たちを悩ませ、そして同様に、クールーやクロイツフェルト・ヤコブ病に目を向ける医学研究者たちをも悩ませつづけてきた。というのは、これは、侵入した異物を排除するという防御反応が、宿主の体内で起きていないことを示しているからである。つまり、宿主が「免疫装置」を作動させていない可能性があるのだ。クールーの患者に炎症反応が起きないのも、免疫反応が起きていないということである。このため、ジガスとガイジュセックはクールーの原因がウイルスにあるという説を一時的にしりぞけることになった。免疫反応の有無を判定する、より確実な方法は、感染した宿主の体内に病原体に向かっていく抗体が存在するかを調べることである。抗体とは、細菌やウイルス、巨大分子などの異物が脊椎動物の体内に侵入した際に合成されるタンパク質である。この抗体は侵入した異物にのみ親和性があり、異物と結合する。その結果、異物は不活化され、特別な細胞に引き渡されて破壊される。この抗体は血液中にあり、さまざまな技術でその存在を検出することができる。だが、スクレイピー、クールー、クロイツフェルト・ヤコブ病の場合、これらの病気に特有であるはずの抗体がつくられた痕跡を見つけることができなかったのである。病原体によっては、免疫機能そのものを阻害するものも存在する。だが、スクレイピーの病原体の場合にはあてはまらない。というのも、スクレイピーを発病した家畜に異物となる分子や粒子を注入したところ、正常な免疫反応を起こすことが確認されているのである。免疫機能は働いているが、スクレイピーの「ウイルス」が免疫機能から「見えない」という状況である。

〝敵〟は非物質的な、いわば幽霊のような姿をしていた。そして、生物の身体に侵入する。守りの固い要塞に、見張りにとがめられることなく侵入するのである。

免疫反応がみられないために、研究者たちは有力な検査方法を失ってしまった。抗体は診断の材料として、また、病原体を発見する手がかりとして、きわめて正確で有益な道具となってくれるはずだった。

そのような道具がない以上、生物学的活性、つまり動物に病気を引き起こす能力によって「ウイルス」の量を測るよりほかない。一九六六年から、羊や山羊のかわりにマウスが実験に使われるようになっていたが、このような定量法では時間と費用がかかる上に正確さを欠いていた。それでも、研究者たちはあきらめることなく「ウイルス」を分離しようと試みてきた。その成分と構造を研究し、可能ならば電子顕微鏡で観察したいと考えていたのである。

残念ながらこのときも、研究者たちが手にしたのは幻滅だけであった。精製は細胞のさまざまな成分の大きさ、質量、電荷、溶解性などの違いを利用しておこなわれる。これらの基準のいずれをもちいても、特定の成分はその性質に応じた固有の分画に集中してみられるのがふつうである。だが、スクレイピーの病原体は、あらゆる分画に見つかる傾向にあった。とくに印象的だったのは、病原体が膜の断片に結びついているように見えたことである。膜は脂肪性物質（脂質）、タンパク質、糖質からなり、細胞膜を構成する。また細胞の内部にもあって、たとえば核のような細胞内構造体を包んでいる。抽出物がつくられるときに細胞が破壊されることで、この膜は大小さまざまの断片を生み出す。そして、この断片は脂質であるために、さまざまな場所に「接着」する傾向があるのである。ようするに、当時の技術力では、満足のいく手法でスクレイピーの「ウイルス」を分離することはできなかったのである。

分離が不可能であれば、その組成についての概略をつかめばいい。どのようなものに影響を受けやすいかを探るのである。この点に関しては、さきにも述べたように一九三〇年代末、ゴードンによって最初の答えが出されている。ゴードンは、ホルマリン処理された跳躍病のワクチンが、ワクチンの接種を受けた羊にスクレイピーを感染させた、と記している。スクレイピーの病原体はそれまでに知られていたウイルスとは異なり、ホルマリンに対しても感染力は失われなかった。一九五〇年代初頭、モアダン研究所の獣医学研究者D・R・ウィルソンはこのウイルスが驚くべきことに物理・化学的処理にほとんど影響を受けないことを指摘している。これはつまり、ウイルスが乾燥にも高温にも耐えうるということである。百度の高温に三十分間さらされても、破壊されなかったというのである。

スクレイピーの病原体は、なんとも奇妙な「ウイルス」ではないか!

そして、一九六六年二月、研究者たちを困惑させる論文が発表された。チクバー・アルパーらのグループによって作成されたこの論文によって、スクレイピーの病原体の性質についての謎はさらに深まることになった。アルパーらはまず、複数の電子加速器からなる分子分解「銃」を利用した。十分なエネルギーをもつ電子を生体物質に照射し、その物質の化学結合を無差別に破壊する。標的が大きければ大きいほど、破壊に必要な電子の量は小さくなる。狙撃兵の群れが同じ方向に銃を向けて射撃をすれば、一匹の蝿よりも一頭の象のほうが倒しやすいということである。逆に、生物学的活性を破壊するのに必要なだけの電子の量によって、活性をもつ構造体の大きさを知ることもできるのである。一九六六年にはすでに、このアプローチが有効であることが証明されていた。とりわけ、別の手法で個別にサイズが測定されたウイルスについては有効である。そして、スクレイピーの病原体に対する測定では、そのサイズがタンパク質の分子一つ分のレベルであるという結果が出された。これは、それまでに知られていたウイルスよりも、はるかに小さいサイズである。すでに知られているウイルスは、何種類ものタンパク質を含む殻で覆われた核酸から成り立っていた。この殻にはタンパク質のほかに脂質や糖質も含まれている。

そこで、つぎの実験ではアルパーらは電子銃ではなく光子銃をもちいた。サンプルを紫外線照射した。より正確にいうならば、核酸による吸収性がきわめて高い波長の光を利用したのである。紫外線を大量に照射すれば核酸は破壊される。これは、微生物の遺伝子を不活化する殺菌の方法として、広く使われる手法でもある。だが、驚いたことにスクレイピーの病原体は、それまで知られていた最少のウイルスの九九パーセントを殺菌する量の四〇倍の紫外線の照射にも耐えたのである。アルパーらの下した結論を紹介しよう。

核酸の吸収しやすい波長の紫外線を大量に照射しても不活化できないという事実が暗示しているのは、(スクレイピーの)病原体が核酸をもたずに増殖できるという可能性である。[1]

生物学者にとっては、まさに寝耳に水である。

しかし、『スクレイピーの病原体は核酸なしに複製されるか？』と題された二作めの論文のなかで、アルパーらはさらに強調している。彼ら自身の言葉によれば、スクレイピーの病原体は紫外線に対して、少なくとも、実験でもちいられた核酸を破壊する波長の紫外線に対しては「透明」である。スクレイピーの病原体を紫外線で攻撃するのは、幽霊に向かって銃撃するようなものである。核酸のみが遺伝子の媒体となる、という分子生物学のセントラル・ドグマを問題視したくなかったアルパーらは、論点をずらして殺菌法を問題にした。つまり、スクレイピーの病原体のような場合はパスツール法の殺菌法では不十分ではないかといったのである。

そして、論争の時代が訪れた。多くの、おそらくは大半の研究者はアルパーらの研究成果を受け入れようとはしなかった。とはいえ、とくに驚くべきことはなかろう。科学的な文献には誤記や解釈の誤りがつきものであり、また、いちど身につけたドグマを棄てさることは難しいものなのだ。それでも、核酸をもたない分子や粒子が病原体の役目を果たす可能性を考えはじめる者たちも現れてきた。そのなかにひとりの数学者がいたことを明記しておくべきであろう。生物学者に救いの手を伸ばしたこの人物はジョン・グリフィスという。形質転換因子を発見したフレッド・グリフィスとは別人である。ジョン・グリフィスは一九六七年になるとすぐに、タンパク質が病原体となる可能性のある二つのメカニズムを提示した。当時の生物学者たちの混乱を意識していたのか、グリフィスはひと言のもとに言ってのけた。

分子生物学の概念体系を崩壊させるようなタンパク質の病原体の存在を恐れる理由などない。(2)

グリフィスの提示した二つのメカニズムのひとつは、パスツール学派の遺伝子発現の調節の研究に着想を得ている。(パスツール学派の)フランソワ・ジャコブとジャック・モノーは、細菌においては、必要な条件がそろわないと解読されない遺伝子が存在する、という研究から出発した。二人はそこで、酵素の形成をつかさどる遺伝子とは別に、いわゆる「調節遺伝子」とよばれる遺伝子が存在することを示した。この遺伝子の機能は、ほかの遺伝子の発現を制御することである。

つまり、グリフィスの最初の説によれば、スクレイピーの病原体は以下の二つの機能を備えたタンパク質である可能性があるという。すなわち、ひとつは病気の原因となる毒性の機能であり、もうひとつは直接、あるいは間接的に自分自身の合成を誘導する機能である。つまり、このタンパク質の遺伝子は生物の細胞内に存在するが、通常はなにもしない。おそらくは、調節遺伝子につくられた「抑制因子」によって遺伝子の発現が抑制されるからであろう。感染によってタンパク質が細胞内に侵入すると、そのタンパク質が抑制因子の作用を妨げる可能性がある。その結果、遺伝子が機能を発現し、大量のタンパク質が合成される。こうして、事実、このような性質をもったタンパク質が「核酸をもたずに大量に増殖」することになるのである。

グリフィスの提示したもうひとつのメカニズムは、ひとたび「丸められた」タンパク質は同類と結合することがある、という概念を登場させた。二つ結合した「二量体」を形づくることもあれば、もっと多くのタンパク質が結合して三量体、四量体……を形づくることもある。グリフィスは、細胞内には潜在的に感染性をもったタンパク質があるが、結合した形でなく、毒性のない単量体として存在している、と考えた。このタンパク質にはそれ自身で、毒性のある二量体を生み出す力はない。逆に、細胞内に侵入した毒性のある二量体に遭遇すると、結合して三量体となり、そして四量体となる。四量体は解離して二つの二量体となることもある。こうして、毒性のある二量体が毒性のある二つの二量体を生み出す。

そして、同じメカニズムで、二つの二量体が四つの二量体を生み出す。この流れが続いていく。つまり、毒性のある形態のタンパク質と接触することで、毒性のない形態をしたタンパク質が毒性をもつようになるのである。

しかしながら、数多くの有力な説が現れた一九六〇年代末にしても、スクレイピーの病原体の性質そのものは、完全に謎につつまれたままであった。その後の十年も状況はほとんど変化しなかった。この時代、医学のまったく別の領域で、悲劇の幕があがろうとしていた。小児内分泌学におけるめざましい前進が〝敵〟の反撃の温床となりつつあったのだ。いったいなにが起きたのか、それを理解するには、いまいちど一九五九年に戻る必要があろう。

13
悲劇の幕が上がる

一九五九年の時点で〝敵〟の追求がどこまで進んでいたかを思い出してもらいたい。イギリスの獣医学研究者たちはスクレイピーを山羊に感染させたが、まだマウスには手を出していなかった。クロイツフェルトとヤコブの論文はいまだ書庫で眠りについたままだった。ガイジュセックはフォレ族のもとを離れ、ハドローの唱えたスクレイピーとクールーを比較対照する説の検討に入った。

一九五九年、それは分子生物学の勝利の始まった年でもある。ワトソンとクリックはその六年まえに歴史的な論文を発表していた。ジャコブとモノーは遺伝子の機能発現の調節について最初の研究を発表する。

このような状況のなかで、人間の脳下垂体から抽出した成長ホルモンを使い、何種類かの小人症の治療が始まろうとしていた。

ホルモンは化学的なメッセンジャーであり、多細胞生物の、それもとくに人間と動物の成長と機能を調和させるという重要な役割をになっている。「内分泌腺[1]」から分泌されるこのホルモンは、きわめて変化に富む化学的な性質をもっている。たとえば、インシュリンはタンパク質であるが、性ホルモンは、コレステロールと同じ一族に属す複雑な分子ステロイドである。ひとたび血液中に分泌されると、ホルモンは標的となる細胞を見つけ出し、その細胞のそなえる特殊な受容体の協力を得て、細胞を活性化させる（「ホルモン」はギリシャ語で「興奮させる」という意味である）。受容体は一般にタンパク質としての性質をもっている。ホルモンと受容体は相互作用を起こして、生化学的な過程を開始させる。この結果、ホルモンの標的となった細胞は、その細胞独自の機能を果たすことになる。同様の例としては、インシュリンの例がよく知られている。

このホルモンは膵臓の一部の細胞から分泌される。インシュリンは五十個ほどのアミノ酸から構成される小さなタンパク質であり、血糖値を下げるのがその役目である。そのためにインシュリンはさまざまな種類の細胞に働きかけ、それらの細胞が糖分を取りこんで分解する能力を増進させる。このインシュリンが欠乏すれば、「インシュリン依存性」の糖尿病という深刻な病気が引き起こされ、適切な手当てをおこなわなければ急死するおそれもある。この病気に対する有効な治療法は一九二一年に見つかった。家畜から採取したインシュリンを注射するというものである。

インシュリンによる糖尿病治療は、脳下垂体性小人症の治療法を研究していた者たちに福音となったことはまちがいない。

脳下垂体は脳の基底部にある小型の内分泌腺であり、大脳と細い「脚」で結ばれている。神経系と内分泌系との境界としての主要な役割をもっている。しばしば「内分泌腺オーケストラの指揮者」とも呼ばれるほどである。脳下垂体はほかの内分泌腺の機能を制御するさまざまなホルモンを合成する。その一例である甲状腺ホルモンは甲状腺や、副腎によるホルモン生産を制御する副腎皮質ホルモンの機能を制御する。

成長における脳下垂体の役割は、二十世紀初頭には明らかにされていた。一九一六年におこなわれた実験では、脳下垂体を切除されたオタマジャクシがそれ以上成長しなくなってしまうことが示された。そして、この欠如は脳下垂体の抽出物を注射することで補うことができたのである。それから数年後の一九二一年、別の研究者が、牛の脳下垂体から抽出した物質をラットに注入して巨大化させ、また、脳下垂体の切除によって犬の成長を止める実験を成功させた。こうして、脳下垂体は成長をうながすホルモンを生産していることが判明したのである。脳下垂体を切除したラットを使って、成長をうながす能力があるかどうかを確認することで、さまざまな動物の脳下垂体から、このホルモンが分離抽出された。「ソマトトロピン」とも呼ばれるこの成長ホルモンは、百九十一個のアミノ酸の鎖から構成されたタンパク質であることが判明した。

人間の場合、成長は遺伝や環境に応じたさまざまな要因に左右される。たとえば、両親の身長と子どもの身長とのあいだにはある程度の相関関係が存在するが、食料のような要因も見逃すことのできない重要な役割をになっているのである。子どもの身長はふつう、なめらかで予測可能な成長曲線をえがきながら伸びていく。子どもたちが小児科医による定期的な検査を受けているフランスでは、小児科医が診断で最初におこなうことのひとつに、子どもの身長測定がある。これによって子どもの成長が正常であるかどうかを確認するのである。いちじるしく標準からはずれていれば、病理学的な問題をかかえている可能性がある。場合によっては、成長の遅れが成長ホルモンの欠乏によることもある。

ホルモンの欠乏にしても、部分的な欠乏と全体的な欠乏の違いがある。脳下垂体下部に腫瘍ができた影響、あるいは、頭蓋打撲の影響による可能性もあるが、多くの場合には原因は不明のままである。すると、医師は自分の無知を隠そうとばかりに難解な専門用語を並べたあげく、その病気を「突発性疾患」として片づけてしまう。成長ホルモンの欠乏は、とくに全体的な欠乏の場合には、きわめて深刻な結果を患者にもたらす。それが「脳下垂体性小人症」である。成人になっても身長が一メートル二十センチから一メートル四十センチ程度と低く抑えられるだけでなく、新陳代謝の障害にも悩まされることになり、ときには奇形を患うこともある。器官性の併発症だけではなく、社会心理的な影響もいちじるしい、深刻な病気なのである。

やはり一九五〇年代の初頭、成長ホルモンが特定、分離されると、インシュリンによってインシュリン依存性糖尿病を治療する例にならって、成長ホルモンを利用して脳下垂体性小人症を治療することをだれもが考えるようになった。だが、医師たちは大きな障害に突きあたることになる。インシュリンの場合には、人間と、豚や牛のあいだには、インシュリンのアミノ酸の列にわずかな違いが見られたが、豚や牛のインシュリンは人間に対しても有効であった。だが、成長ホルモンの場合には事情が違った。霊長類には霊長類の成長ホルモンしか効果が現れない。脳下垂体を切除したサルに、豚や羊の成長ホルモンを注射してもなにひとつ効果はない。脳下垂体性小人症を成長ホルモンによって治療しようとするのであれば、その成長ホルモンは人間か、人間にちかい動物から分離抽出しなければならないのである。

十分な量のサルの脳下垂体を確保できない以上は、人間自身の脳下垂体を利用するほかはない。こうして、死亡した直後の人間から脳下垂体が採取されることになった。すでに、角膜など別の器官では先例もあった。

当初の試みは一九五〇年代の末にさかのぼる。アメリカのレーベンは一九五七年、人間の脳下垂体からホルモンを分離抽出する最初の方法を発表した。ホルモンが治療にもちいられるのだから、その方法は「だれのものともわからない脳下垂体からホルモンを分離抽出する以上、細菌とウイルスを破壊しうる手順を踏む」(2)必要があった。その翌年、レーベンは、準備したホルモンを筋肉注射によって、週に二回から三回の割合で十ヵ月間、脳下垂体性小人症に苦しむ十七歳の少年に投与したことを報告した。副作用が出ることもなく、治療は効果をあげた。即時に成長の速度が五倍に達したのである。はじめて出されたこの結果に触発され、数多くの研究が始まった。この研究こそが、小人症に苦しむ多くの子どもたちを救うことになるはずなのだ。一九五九年にはアメリカとイギリスでこの治療法が開始されることになった。

そして、医師と研究者にとっての最初の目標は、ホルモンの分離抽出の方法の改善であった。さまざまな技術が続けざまに開発された。これらの技術によって脳下垂体で生産されるほかのホルモンを取りのぞき、成長ホルモンの純度を高めることができるようになり、効率も高まった。人間の脳下垂体を採取するのが困難だということを考えれば、これは重要なことである。また、細菌やウイルスによる感染も最小限に抑えられるようになった。それでも分離抽出の行程は長く複雑であった。個体の脳下垂体からの分離は明らかに不可能であった。病院で採取された脳下垂体は冷凍された状態で保管される。そして十分な量がそろうと集められ、ようやく分離作業が始められる。研究所によっては、脳下垂体のストックが数百から数千になってから分離作業がおこなわれることになっていた。アメリカでは二万個の脳下垂体から分離作業がおこなわれた例もあった。

もっとも、最良の治療法を開発し、有効な治療法を確立するための研究はいくつもおこなわれていた。そのなかに、イギリスの医学研究会議（MRC）のグループによっておこなわれた研究をあげる必要があろう。一九六〇年代初頭に始まったこの研究は七九年に発表された。そこには、一九五九年から七六年にかけてMRCの研究所で製造されたホルモンによって治療された六百人の患者についての報告が記されている。この報告によれば、患者のホルモンの欠乏の原因や性質、治療が開始されたときの患者の年齢やその継続期間など、さまざまな要因によって差異はあるものの、治療としてのアプローチの有効性は明白であった。この治療は否定しようのない成功を収めたのである。しかしながら、MRCの報告書の著者は不安も覚えていた。「もし、診察がおこなわれた患者がより若く、また、部分的な欠乏に苦しむ患者が、より多数いることがわかっていたら、需要が生産能力の限界をはるかに陵駕（りょうが）してしまう危険性があった」(3)これは成功の代償と呼べるものであろう。とはいえこの不安が動機となり、MRCのような学術的な組織や、この市場に興味を示した製薬会社によってホルモンの本格的な生産が進められることになった。イギリスのような国では、毎年治療を受ける子どもの数は八百ほどにも達していたはずである。ここでひとつ注意してもらいたいのは、子どもひとりの一年間の治療には、約五十人分に相当する数の脳下垂体が必要であり、イギリスでは一年間に三万から四万個の脳下垂体を必要としていたことである。

フランスでも一九六〇年代に入ると、アメリカとイギリスでの成功例に触発されたごく少数の小児科医が、この新たな治療法を選びはじめた。とはいえ、まだ実験的なものでしかなく、条件も良好とはいいがたかった。ホルモンが欠乏していたのである。それでも治療の成果が広く知られるにつれ、治療を必要としているすべての子どもたちにこの新しい治療法を普及させることのメリットを、多くの医師たちが感じるようになった。そのためには、数も少なく高価な外国のホルモンに依存することなく、フランス国内でホルモンを生産する必要があった。こうして、一九七三年、名だたる小児科医と関係当局が音頭をとり、フランス脳下垂体協会が設立された。脳下垂体の収集から、ホルモンの分離抽出、製剤、優先的に治療を受ける患者の選別などといったホルモンの分配までの複雑な諸作業の調整と計画はこの協会が担当することになったのである。当時のパスツール研究所の所長であり、ノーベル医学・生理学賞を受賞したジャック・モノーは、パスツール研究所内の研究室で分離抽出作業をおこなうとの提案をこころよく諒承(りょうしょう)した。この作業は、パスツール研究所がその創設以来実践してきた、公共のための事業そのものだったのである。この決定を下したとき、モノーはその行為が危険をはらんでいる可能性があるとは想像すらしなかったようである。いずれにしても、クロイツフェルト・ヤコブ病を感染させることになるとは、当の責任者はまったくその危険を予知していなかったのである。

一九五九年から八五年まで、成長ホルモンによる治療は副作用を引き起こすこともなく、いたって満足すべき結果をもたらしていた。成功そのものであり、治療を希望する患者の数は増大する一方であった。だが、脳下垂体の収集は容易ではなく、ホルモンの数量にも限りがあることから、治療がおこなえる数はどうしても限定されていた。一九八五年、全世界で成長ホルモンによる治療を受けた子どもの数は累計で二万五千人に達していた。最初期に治療を受けた子どもたちにしてみれば、治療を受けてから二十五年の歳月が流れたことになる。この治療法は現代医学のもたらした大成功の一つに数えられるだろう、だれもがそう信じ、よろこんでいたのである。

だが、そこへ〝敵〟が襲いかかってきた。それまで気づいた者はひとりもいなかった。そして、美しい夢が悪夢へと豹変(ひょうへん)する。

14 確率は百万分の一

きわめてまれな病気であり、遺伝病の可能性もあるクロイツフェルト・ヤコブ病。一九二〇年から六〇年のあいだにこの病気に興味を示したのは、ごく少数の医師だけであった。それでも、これらの医師のおかげでいくつかの国の患者たちのデータが蓄積されることになったのである。それが、一九六〇年代になると、病気の単一性について激しい論争がかわされるようになった。臨床的な現象や、神経組織の検査で見つかる病変の違いを根拠に、クロイツフェルト・ヤコブ病には複数の病気が含まれている、と確信している者もいた。最大で十六もの病名を考え出した者までいたのである。また、ある者は、逆に共通点を強調し、クロイツフェルト・ヤコブ病がひとつの病気であるという説を擁護していた。一九七〇年代初頭になりガイジュセックがこの病気の感染性を証明すると、ようやく、クロイツフェルト・ヤコブ病はひとつの病気であるという視点が優勢になりはじめた。症状と神経系の病変は専門の研究者によって要約され、広く認められることになった。

クロイツフェルト・ヤコブ病を発病するのは、主として四十歳から六十歳の男女であり、発病後約一年で死亡する。一般に、激しい不安のような不調を覚えたり、意識の集中が困難になる、記憶を失う、歩行が困難になる、などといった最初の症状がひそかに現れる。それから数週間後には、はっきりとした症状が現れる。それが手足の麻痺（まひ）、痙攣（けいれん）、ぎくしゃくとした無意識の動作、癲癇（てんかん）型の発作、痴呆（ちほう）である。痴呆とは、思考力や記憶力といった精神機能の障害がもっとも進んだ状態である。個々の患者によってその程度に違いはあるが、これらの症状は、大脳、小脳、延髄での中枢神経系のさまざまな要素の広範囲な急変によるものである。これら神経学的なレベルでの症状以外には、発熱も血液成分の変化も、血清や脳脊髄液に含まれるタンパク質の変化も見られない。逆に脳波には、診断の有力な手がかりとなる特徴的なパターンが現れる。

病気は着実に進行し、病状や病勢が衰えることもなければ、急変することもない。最終的な段階に入ると、病状は悲惨なものとなる。昏迷、無言症、顕著な麻痺、基本的な生体機能の機能障害、そして、硬直、昏睡（こんすい）である。やがて、目に見える原因のない死か、肺炎などの感染症による死が訪れる。

脳の外観は一般に正常であるが、顕微鏡検査では灰白質がスポンジ状になっているのが確認される。神経細胞の内部や細胞外物質のなかに空胞が存在することによる。これは、かつてクロイツフェルトとヤコブによっても観察された病変である。神経細胞以外の細胞では、とくに星状神経膠細胞が肥大し、増殖しているのが観察される。

診断の確認には脳組織の顕微鏡検査が欠かせない。しかし一般に、解剖がおこなわれるまではこの検査は不可能である。また、患者の病状を悪化させる危険があるので、原則として生検は避けることになっている。

クロイツフェルト・ヤコブ病の診断そのものが困難であるため、疫学的な研究が本格的におこなわれるには、一九七〇年代の初頭まで待たなければならなかった。だが、この時代にも一点だけ判明していることがあった。クロイツフェルト・ヤコブ病が家族性の病気である可能性もないわけではないが、すべての例が家族性であるわけではなかった。新たに家族性の症例が報告されることはあったが、それ以外の例では、患者の祖先、子孫に発病者が見つかることは皆無であった。そこで当時は「散発性」という言葉が使われていたのである。

一九七〇年代に入ると、ようやく疫学的な結論が現れはじめた。

なによりも研究者たちの注意を引きつけたのは二つの個別の現象である。手術の結果として人間から人間にうつったと思われる二件の症例が報告されたのである。

ひとつは、肺炎で死亡した男性の角膜を移植された五十代のアメリカ人女性の例である。移植から十八ヵ月後、この女性は最初の症状を呈しはじめた。その症状はクロイツフェルト・ヤコブ病と診断されるべきものであり、その病気によって彼女は生命を奪われることになった。ところで、角膜を提供した男性もまた、クロイツフェルト・ヤコブ病を発病していたことが判明した。この男性はいくつかの症状を示していたのだが、最終的な診断が下されたのは、角膜の摘出と移植がおこなわれたのち、解剖がおこなわれてからのことであった。一九七四年に報告されたこの簡略な覚書きには、角膜移植時に感染した可能性が高いと記されていた。

もうひとつは、一九七七年に報告されたもので、二十三歳になる女性と十七歳の少年の症例である。

この二人は当初、癲癇を患っていた。その治療のために脳波の検査が必要になり、脳に電極を挿入することになった。この検査から二年半後になって、クロイツフェルト・ヤコブ病を示す兆候が二人に現れたのである。クロイツフェルト・ヤコブ病の患者としては、二人とも異例なほど若いため、汚染物を介して感染した可能性があると考えられた。やがて、脳波の検査にもちいられた電極のうちの二本が、二人の検査がおこなわれる数週間まえに、クロイツフェルト・ヤコブ病を発病した六十九歳になる女性の脳波検査に使用されていたことが判明した。電極はいずれもアルコールとホルマリンで殺菌されていた。しかし、当時でも知られていたことであるが、この殺菌方法もクロイツフェルト・ヤコブ病の病原体には効果がなかったのである。この例でもやはり、患者がその病原体に感染した可能性が高いと結論が出された。

この感染は医療行為が原因となることを意味する「医原性」と判断された。この事実を受けて、神経病理学に携わる医師と外科医師に対し、クロイツフェルト・ヤコブ病患者、あるいは同病を発病しているとおぼしき患者に接触した医療器具の取扱いについては必要な予防措置をとるよう規定されることになったのである。

一九七三年、イスラエルにおけるクロイツフェルト・ヤコブ病を研究しているグループによって、驚くべき観察結果が報告された。クロイツフェルト・ヤコブ病の有病率は平均して人口百万人につき一件であるとされていたが、リビア系ユダヤ人の場合には、有病率が平均の三十倍に達していたのである。この驚くべき高さは、いったいなにが原因なのか？　ガイジュセックと彼に協力する研究者たちはひとつの仮説を立てた。そのユダヤ人たちは羊の眼球を食べることで、スクレイピーの病原体による感染を受けた可能性がある、というのである。焼いた羊の眼球は北アフリカで、それもとくにリビアで珍味として好まれる食べ物だったのである。この仮説ではとくに、スクレイピーの病原体が眼球に存在することが前提になる。ところで、すでに述べたことでもあるが、クロイツフェルト・ヤコブ病が角膜の移植によって感染したとおぼしき例が報告されている。羊の眼球や脳を食べるのはなにもリビア系ユダヤ人にかぎったことではない。脳についてはとくにそうである。調査にあたった研究者たちは当初、そう考えて、ガイジュセックの仮説に懐疑的であった。だが、しばらくすると彼の仮説を受け入れるようになった。それどころか、その研究者たちはイスラエルの外でおこなったいくつかの付加的な観察結果を根拠に、基本的にクロイツフェルト・ヤコブ病は、スクレイピーを発病した家畜を食料にしたことによって発生した病気である、と口にするようになったのである。

少なくとも部分的には、先見的な考えであったといえるだろう。二十年後には、狂牛病が食べ物を媒介として牛から人間へうつり、被害を拡大することになるのだ。

しかしながら、この考えの元となった観察結果については、羊の脳や眼球を食べることはまったく関係ないとする別の解釈も当然ながら登場する。このような新たな解釈が始まったのは、一九七九年のことである。この年、イスラエルに住むリビア系ユダヤ人にクロイツフェルト・ヤコブ病の症例が多く見られるのは、遺伝的な要因が原因である可能性がある、という指摘がなされたのである。この点については、のちほどふれることにしよう。

一九七九年、大規模な疫学的な研究の成果が、ガイジュセックを含む研究グループによって発表された。この研究は千四百三十五件の症例の分析をもとにしたものであり、そこに記された結論は現代でも十分に通用する内容である。

■クロイツフェルト・ヤコブ病はデータの収集が可能な、すべての国で発生している。

■クロイツフェルト・ヤコブ病による年間の死亡率は、人口百万人あたり〇・五人から一人である。

■症例には地理的要因はない。ただしいくつかの例外(当時、この例外が五件あった)があり、ひとつの地域に症例が集中していることもある。イスラエルに住むリビア系ユダヤ人の場合もその例外に該当する。

■症例のうちの一五パーセントは、その患者のほかに家族に一人以上の発病者が見られる。これが、いわゆる「家族性」の症例である。

著者たちは病気の原因に焦点をあて、一方では人間から人間へうつる可能性を、一方では食べ物による感染を考慮に入れている。これは、羊のスクレイピーが人間に順化したものがクロイツフェルト・ヤコブ病であることを前提にした考察であった。人間から人間へうつる可能性については、過去に外科手術を受けている患者が一定の割合でいること、あるいは、患者自身が、医師や歯科医師といった危険をともなう職業についていることを考慮に入れたものであったが、説得力のある結論は導かれていない。症例がまれであり、地理的に分散していることから、個人間の接触によってうつる可能性は低いとされた。なお、クールーの猛威にさらされた地域に滞在したことがあるが、食人に関与しなかった多数の人間には、クロイツフェルト・ヤコブ病とクールーの症例は一切見られないことも明記されている。羊のスクレイピーが食べ物を経由して人間にうつったという説については、その可能性は低いと判断された。たしかに、同じ地域における人間のクロイツフェルト・ヤコブ病の有病率と羊のスクレイピーの有病率に相関関係は皆無であった。過去二十年間スクレイピーの発生が報告されていないオーストラリアでも、アメリカでも、何年もまえからスクレイピーが発生しつづけているフランスでも、クロイツフェルト・ヤコブ病の発生頻度は同じだったのである。さらに、リビア系ユダヤ人の症例に関しては、北アフリカでスクレイピーが流行したことがないことが記されている。スクレイピーを発病した羊の眼球や脳を食べることによって感染したという説には、それほど妥当性はないとされたのである。

クロイツフェルト・ヤコブ病のウイルスの伝播のメカニズムと病原巣については、いまだ不明であるといわざるをえない[1]。

右記の言葉で論文を締めくくりながらも、著者はクロイツフェルト・ヤコブ病が病原体の「ウイルス」による感染によって引き起こされる病気であることに確信をいだいていると明記している。しかし、その根源を特定することも、また、どのように感染するのか突きとめることも、自分たちには不可能であると認めているのである。

15 プリオン

アルパーらの研究が発表された直後はさまざまな意見が噴出したが、それから一九七〇年代の末まで、核酸をもたないというあの謎めいたウイルスの特徴づけについて、これといった成果は何ひとつ発表されなかった。

そこに一人の男が登場し、今日にいたるまで重要な役を演じることになる。その人はスタンレー・プルシナーといい、一九七四年からカリフォルニア大学のサンフランシスコ校とバークレイ校で、神経学、生化学、ウイルス学を教えていた。彼が一九七八年から、とくに一九八〇年代初期から精力的に発表しはじめた一連の衝撃的な論文のおかげで、今日ある者がスクレイピーの病原体そのものだといい、ほかの者もその主成分であることをみとめているものの正体が暴かれたのである。

プルシナーはそれまでの研究者が出会った多くの困難にも臆(おく)せず、今度は自分があの謎めいた「ウイルス」を精製してみようと決心した。ありがたいことに精製技術は過去数年間ですばらしい進歩をとげていた。手元には十年前には存在しなかった高性能の機器があった。だがそれだけでは十分ではなかった。このテーマをあつかった彼の最初の重要な論文は一九七八年に書かれたが、そこに示された結果は決して希望のもてるものではない。それまでの研究者たちと同じく、どのような分離法をもちいても、ほとんどすべての分画に病原体が見つかったのである。しかしプルシナーはあきらめなかった。

何より大きな問題は、実験に時間と費用がかかることだった。病原体の生物学的活性を測るのにマウスをもちいてさえそうなのだ。想像していただきたい。たったひとつの試料に含まれる病原体の量を測定するのにも、段階的に薄めた溶液を十ほどつくり、それぞれを六匹のマウスに接種し、これら六十匹の接種済みマウスを一年間手元において、毎月、スクレイピーの症状が現れているかどうかを調べなければならない。分離の過程でえられる分画の数は十から五十にのぼるのがふつうであるから、それらすべてに含まれる病原体の量を知りたければ、六百匹から三千匹ものマウスを一年間追いつづけなければならないのである。そこでプルシナーはまず、マウスのかわりに潜伏期間のより短いハムスターをもちいることにした。つぎに、一見逆戻りのようだが、段階希釈液を使うかわりに潜伏期間を測定することにした。接種された病原体の量が多いほど潜伏期間が短いことを利用しようと考えたのである。この方法はかつて羊や山羊が唯一の実験動物であった時代に獣医学研究者たちがもちいていたものだったが、当時は定量法が確立されていなかった。プルシナーは潜伏期間から病原体の分量を割り出す方法と、段階希釈液をもちいるそれまでの方法を比較検討し、新しい定量法を編み出した。今度はひとつの試料につき、四匹のハムスターに接種して、二ヵ月観察するだけでよい。六十匹のマウスのかわりに四匹のハムスター、一年のかわりに二ヵ月の観察ですむのだから、すばらしい進歩だった。

それ以外の問題はどれもこの病原体の特殊なふるまいに起因する生化学的なもので、それらを解決しただけでも大手柄であったとはいえ、ここでそれを説明する必要はない。それより結果はどうだったのだろうか？

ハムスターの脳から精製された、あの幽霊のような謎めいた病原体は、タンパク質に似た性質をもっていた。アルパーらの予想どおり、核酸はもっていないようだった。もっとも純度の高い分画では、ある単一のタンパク質がタンパク質全体の九〇から九五パーセントを占めていた。細胞からとった最初の抽出物とこの精製分画で、タンパク質を同量にして感染力を比較すると、精製分画には最初の抽出物の五千倍から一万倍もの感染力があった。その大きさから見て、この単一のタンパク質はおよそ三百個のアミノ酸からできていると考えられ、タンパク質としてはまずふつうのサイズといえた。

ウイルスがタンパク質に似た性質をもち、核酸を含まないなどというのは、分子生物学の正統的な考え方に根本的に反していた。そこでプルシナーと彼の共同研究者たちは、スクレイピーの「ウイルス」については確かにそうなのだということを、できるだけ多くの事実によって裏づけようとした。彼らはこの特定されたタンパク質の量と、精製分画の感染力とのあいだに、厳密な相関関係が成り立っていることを証明した。そして精製分画を物理・化学的方法で処理しても、その感染力はほとんど弱まらないのに、タンパク質を破壊または不活性化することで知られる処理にかけたときは、弱まる場合もあることを明らかにした。一方、核酸を破壊または不活性化することで知られる処理にかけても、感染力はまったく弱まらなかったのである。

けっきょく、どう考えてもプルシナーの精製したタンパク質は、たしかにスクレイピーの「ウイルス」か、少なくともその主成分であるらしかった。この「ウイルス」に核酸が含まれている可能性はゼロではなかったが、仮に含まれているとしてもそのサイズはきわめて小さい（せいぜい塩基二、三個分の大きさ）としか考えられなかった。一九八二年、プルシナーはこの新手の病原体にプリオンという名をあたえた。

プリオンはタンパク質性の小さな感染粒子で、核酸を損なう処理によってもほとんどの場合は不活性化しない。「プリオン」という言葉をもちいたのは、タンパク質が感染に重要な役割を果たしていることを強調するためである。とはいえ、現在の知識では粒子の内部に小さな核酸がかくれている可能性を排除することはできない[1]。

プリオン（prion）という言葉は、「タンパク質性感染粒子」を意味する Proteinaceous Infectious particle の最初の二語から pro と in をとって合わせ、響きをよくするために o と i の順序を入れかえたものである。プルシナーは核酸が存在する可能性を否定したわけではないが、この用語をみれば彼がタンパク質の役割をどれだけ重要視していたかがよくわかる。

このタンパク質はいろいろ特殊な性質をもっているが、そのうち二つの性質、すなわちタンパク質分解酵素に抵抗することと、非常に凝集（ぎょうしゅう）しやすいことについてはここで説明しておいたほうがよいだろう。

タンパク質分解酵素は文字通りタンパク質を破壊する酵素である。タンパク質を構成しているアミノ酸の結合を壊すのだが、このことを化学では「加水分解する」という。酵素自身がタンパク質なのに、その役目がタンパク質を壊すことにあるというのは奇異な感じがするかもしれない。じつはタンパク質分解酵素にはいくつもの役目があり、そのひとつが「食糧供給」、つまり外部から取り込まれたタンパク質を加水分解して、得られたアミノ酸を再利用にまわすという機能なのである。細胞内では、細胞タンパク質にひどい損害をあたえないように厳重に制御され、ふだんは特別な仕切りのなかに隔離されるか、阻害因子に活動を抑えられている。ところで、すべてのタンパク質が分解酵素に対して同じような感受性を示すわけではない。簡単にいうと、アミノ酸の鎖が丸まってコンパクトになっているほど分解されにくい。プリオンタンパク質はまさにこれらの酵素に対して驚異的な抵抗性を示したのである。もちろん加水分解されないわけではないが、ほとんどすべての細胞タンパク質が粉砕された条件のもとでも、プリオンタンパク質だけは破壊を免れていた[2]。この性質はプリオンタンパク質の精製に大いに役立ったが、もうひとつ別の利点もあった。それはおいおい明らかになるだろう。

　プリオンタンパク質の二つめの性質は、凝集しやすい、あるいは重合しやすいということである。ふつう、タンパク質をなすアミノ酸の鎖のサイズを測るときは、凝集体や重合体ができているかもしれないので、まず強い界面活性剤でタンパク質を処理してそれらを切り離す。プルシナーもこのやり方で、プリオンタンパク質がおよそ三百個のアミノ酸からなっていることをつきとめた。しかしタンパク質のサイズは、まえもって界面活性剤で処理しておかなくても測ることができる。その結果がふつうの方法で測ったサイズと同じであれば、それはそのタンパク質が凝集していない、あるいは重合していない形で存在する、つまり単量体の形で存在するということになる。ところがプリオンタンパク質の場合、事態はまったく異なっていた。もっとも感染力の高い精製分画のふるまいから判断すると、そこには大小さまざまな粒子が混在しており、三百個のアミノ酸からなるタンパク質のおよそ千倍に達するほど大きなものも含まれていたのである。電子顕微鏡で見ると、小さな棒状のものが観察された。棒の長さはさまざまで、たがいに接着しあってかたまりを形成していることが多かった。これらの棒状体はプリオンタンパク質の重合体で、そこに含まれるタンパク質の個数は数十から数百、ときには数千にもおよんでいた。考えてみると、プリオンタンパク質の精製が難しかったのはおもにこの凝集しやすさのせいだったのだ。それに、つぎに見るように、これらの凝集体は実験の操作が原因で形成されたのではなかった。

まえに、クラッツオ、ジガス、ガイジュセックがクールーを研究していたとき、クールーで死んだ人の脳にしみのようなものが、ある染料に染めだされて見えたという話をしたが（これを「アミロイド斑」という）、それを思い出していただきたい。このアミロイド斑は見たところ繊維構造が集まってできており、ほかの神経系変性疾患、とくにアルツハイマー病で観察される斑と似たところがあった。その後、クールーの斑によく似たアミロイド斑が、クロイツフェルト・ヤコブ病のいくつかの症例でも見つかり、スクレイピーにかかった動物の脳でも観察されていた。プルシナーらはまず、プリオンタンパク質の精製分画に見つかった棒状体が、形状も、染料への染まり方も、アミロイド斑とよく似ていることを確かめた。そこで彼らは、これらの棒状体がスクレイピーにかかった動物の脳に、そのままの形で存在してアミロイド斑をなしているのではないかと考えた。そしてこの考えの正しいことは、抗プリオンタンパク質抗体をもちいることによって証明されたのである。

じっさいプルシナーはついに抗体を得ることに成功していた。スクレイピーにかかった動物からではない。まえに見たようにそれらは抗体をつくらない。そうではなく、スクレイピーに感染したハムスターの脳から精製したプリオンタンパク質を、かなり大量にウサギに注射して得たのである。ある生体分子の特異的抗体が見つかると、さまざまな研究の可能性が広がる。とりわけ光学顕微鏡や電子顕微鏡で見える「目印」を抗体につけることができる。そうしておいてその抗体を組織の切片にのせてやると、抗体は抗原の分子にとりつくので、目印の場所によってその分子が組織のどこにあるかを知ることができる。この方法をもちいて、プルシナーらはまずプリオンタンパク質の単量体に対する抗体が、例の棒状体にとりついていることを確認した。ということは、棒状体はやはりプリオンタンパク質でできていたのだ。それから彼はこれらの棒状体が、スクレイピーにかかった動物の脳からとった抽出物に、しばしば繊維状の集合体をなして存在することを示した。予想どおり、棒状体ははじめからスクレイピーにかかった動物の脳のなかにあったことになる。そこに見られた繊維体は、以前、別の研究者たちに発見されて小繊維とよばれていたものだった。どうやらアミロイド斑は小繊維がたくさん集まってできているらしかった。小繊維やアミロイド斑は神経細胞の外部に観察されたが、これはおそらく病気の進行にともなって細胞が破壊されたために細胞外の環境に放り出されたのだろうと思われた。

これらの結果はスクレイピーについて得られたものであったが、プルシナーらはつづいてこれをクロイツフェルト・ヤコブ病に拡張した。スクレイピーのプリオンタンパク質とまったく同じ性質をもつタンパク質が、クロイツフェルト・ヤコブ病にかかった人の脳にも存在することも明らかにしたのである。

こうして一九八〇年代の前半、〝敵〟の正体に迫る研究は飛躍的に前進した。どうやら〝敵〟の正体は「プリオン」と名づけられたタンパク質であるらしい。このタンパク質は驚くほど安定しており、病気にかかった人や動物の脳のなかに蓄積されて繊維体、つまり小繊維をなし、ときにはそれがまた集まってアミロイド斑となる。だがこのタンパク質はいったいどこからやってきて、どのように増えるのだろうか？　一九八〇年代の後半は、この問いへの答えを模索することになる。

郵便はがき

料金受取人払

渋谷局承認

680

差出有効期間
平成16年4月
30日まで

150-8790

206

(受取人)
東京都渋谷区
東3丁目十三番十一号

株式会社 紀伊國屋書店 出版部 行

ご購入ありがとうございます。小社への要望事項、ならびにこの本のご感想をご記入下さい。今後の出版に活かしていきたいと存じます。また、裏面の「書籍注文書」を小社刊行物のご注文にご活用下さい。より早く確実にご指定の書店で購入できます。　**紀伊國屋書店出版部**

●通信欄●（小社への要望、出版を希望される分野など）

愛読者カード

お買い求めになった本の書名

ご感想

ご氏名　　　　　　　　　　　　　　　　　　　　年齢
（　　　）歳

ご住所（〒　　　　）

TEL.　　　（　　　）
下記注文書をご利用の際は、必ず電話番号をご記入下さい。

ご職業または在校名

◆書籍注文書◆

（小社刊行物のご注文にご利用下さい。その際は、必ず書店名をご記入下さい。）

書　名	〔本体価〕　円	〔部数〕　冊
書　名	〔本体価〕　円	〔部数〕　冊

ご指定書店名	取次	この欄は書店または小社で記入します
所在地（市区町村名）		

16
一九八五年四月

この月は重要である。〝敵〟は狩り出されたようにみえた。そのとき、二つの前線で反撃が始まったのだ。多くの死者を出したその攻撃の効果は、十五年をへた今でもまだ消えていない。

プルシナーによれば〝敵〟の正体は「プリオン」と命名されたタンパク質であるということだった。毒性のタンパク質。それなら想像するのは難しくない。先例はいくらでもある。ジフテリア菌や炭疽菌やボツリヌス菌からつくられた毒素は、ごく微量でも人や動物を殺すことができる。ただ、これらの毒素は増殖しない。殺された動物の体内には、最初に入ってきたときより多くの毒素は含まれない。入ってきた毒素は生体内で薄まるので、この動物から採取されたものにはもはや強い毒性は残っていない。しかしプリオンは違う。まえに見たように、スクレイピーで死んだマウスには何百万匹ものマウスを感染させられるだけのプリオンが含まれている。そういうことはふつうはウイルスに感染した動物に起こるものだ。ウイルスは病気の動物の体内で増殖するので、感染器官に含まれるウイルスの量は、最初に入ってきたときとは比べものにならないほど膨大になっている。だがウイルスには核酸があり、それが増殖に必要な情報を提供してくれる。ところがプリオンは核酸をもたないようにみえる。それならその増殖をどのように説明すればよいのだろうか？

常識的にいって、タンパク質自身が自己合成に必要な情報をもっているとは考えられなかった。遺伝子、つまり核酸分子上の一領域だけが、タンパク質をなすアミノ酸をしかるべき順序にならべることができるのである。したがって感染動物には当然、プリオンタンパク質の合成に必要な情報をもった遺伝子が存在しなければならなかった。それはかつてジョン・グリフィスが、タンパク質がいかにして病原体となりうるかを説明するときに出発点とした考えだった。病原体と目されるタンパク質の正体が明らかになった今、その遺伝子が本当に感染動物に存在するかどうかを知ることはできるだろうか？　この問題に答えることは、グリフィスが仮説を立てた一九六〇年代末期には不可能だったが、一九八〇年代半ばにはいとも簡単なことになっていた。それまでに遺伝子工学という非常に強力な技術が発達していたからである。これを使うと、たとえばDNAの一部分を正確に切りとり、それを操作したのちに別の生物の染色体に埋め込むことができる。また切りとった断片の塩基配列を決定する、つまりそこに暗号化されたタンパク質のアミノ酸の順序を知ることができる。そして逆にタンパク質のアミノ酸の順序がわかっているときは、それに対応する遺伝子を見つけることができるのである。この仕事はチューリヒの遺伝子工学の専門家、チャールズ・ワイスマンの研究チームによっておこなわれた。プルシナーのチームと、タンパク質のアミノ酸配列の確定を専門とするグループもこれに協力した。

研究の成果は一九八五年四月に発表された。それによると、プリオン遺伝子はハムスターに存在する、それも感染しているといないとにかかわらず存在するというのだった。その塩基配列から、この遺伝子に対応するタンパク質は二四〇個のアミノ酸からなっていることがわかった。マウスや人間など、ほかの哺乳動物にも同じような遺伝子が見つかった。だがそれらの動物の染色体のなかにプリオン遺伝子があるならば、感染・非感染を問わずプリオンタンパク質が合成されてもよいはずである。なぜ非感染動物はプリオンタンパク質をもたないのだろうか？

グリフィスのアイデアにしたがえば、まずつぎのような可能性が考えられた。プリオン遺伝子はプリオンタンパク質がなければ発現できないのではないか、プリオンタンパク質が遺伝子発現の抑制因子の働きをおさえる調節役をつとめているのではないか。だがこの考えはすぐに棄却された。一般にひとつの遺伝子がどれだけ発現しているかは、その第一次産物であるメッセンジャーＲＮＡの濃度で測ることができる。ところが感染動物と非感染動物とでこの濃度に差はなかった、ということはプリオン遺伝子はどちらの場合も同じように転写されていることになる。別のいい方をすれば、プリオンタンパク質が入ったためにプリオン遺伝子の転写がはじまったのではない、プリオンタンパク質はグリフィスがいう意味での調節タンパク質ではなかったということである。

それではメッセンジャーＲＮＡの翻訳、つまりプリオン遺伝子に対応するタンパク質の合成はおこなわれているのだろうか？　これを知るためには、超特異的試薬である抗プリオンタンパク質抗体がもちいられた。その結果、プリオン遺伝子に対応するタンパク質は、非感染動物の脳にも存在することがわかった。ただしその量はごくわずかで、性質もプリオンタンパク質とは異なっている。たとえば、同じ条件のもとでプロテイナーゼＫというタンパク質分解酵素を使うと、プリオンタンパク質は分解されなかったのに、こちらのタンパク質は破壊された。そもそもこのためにプルシナーは、非感染動物の脳からとった抽出物中にこのタンパク質を検出できなかったのである。彼はプリオンを精製するとき、プロテイナーゼKで抽出物を処理していたのだ。

さてプリオン遺伝子は脳細胞のなかにあるが、それに暗号化されたタンパク質は、動物が感染しているか否かによって異なる構造をもっていた。この構造の違いはタンパク質分解酵素への感受性の違いとなって表れていた。

科学の研究ではよくあることだが、疑問がひとつ解けるたびに新たな疑問がわいてくる。今の場合、まず頭に浮かぶのは、脳のなかで正常に合成されるタンパク質と感染性のタンパク質はどこがどのように違うのか、そしてとくに、一つの遺伝子がどのようにして、タンパク質分解酵素に感受性の非感染型と、抵抗性の感染型という、二つの型のタンパク質を合成させるのかという問題である。それにしても、ここまでわかっただけでも大変な進歩といえた。スクレイピーの病原体の謎がだいぶ解けてきたからだ。

ところがそれを感じたかのように、このときとばかり〝敵〟がその不吉な力を見せつけたのである。脳下垂体性小人症の治療に使われた成長ホルモンと、クロイツフェルト・ヤコブ病との関連が意識されたのは、たしかに一九八五年の四月だった。このときいったい何が起こったのか？

この出来事については、ガイジュセックの元同僚で、やはり海綿状脳症の大家であるポール・ブラウンがドラマチックな報告文を書いている。

一九八四年五月、ひとりの若者が家族と飛行機でサンフランシスコからアトランタに飛び、そこから別便で祖父母のすむメイン州へいこうとしていた。乗り継ぎのために席を立ったとき、若者はめまいを訴えた。母親は血糖値が下がったのだろうと思い、甘いものをあたえて目的地に着くまで息子のようすに注意していた。だが特別なことは何もなく、この出来事は忘れられた。ところが数日後、メイン州で、若者は祖父のモーターボートに乗って湖をまわるのをいやがった。『ただでさえ目がまわっているんだから、湖なんかまわらなくてもいいよ』というのだ。自宅に帰ると勉強を再開したが、めまいはなくならず、話し方も少し変わってきたようだった。[1]

ここへきて若者は病院を訪れた。六月、小児内分泌学の専門家レイモンド・ヒンツが彼を診てくれた。若者の家族はヒンツをよく知っていた。若者は幼い頃からヒンツのもとでホルモン治療を受けていたのである。彼は一九六五年、二歳のときに甲状腺ホルモン、インシュリン、および成長ホルモン欠乏症と診断されたが、翌一九六六年から十四年間、成長ホルモンの投与を受けたおかげで、人並みの背丈に達していた。ヒンツ博士は彼を神経科に紹介した。病状は悪化し、神経系の損傷をしめす症状がしだいにはっきりしてきたが、それが何の病気なのか、専門家たちの意見は一致しなかった。クロイツフェルト・ヤコブ病の名も一時はあがったが、それにしては患者の年齢が低すぎるという理由ですぐに棄却された。ところが、若者が十一月に亡くなったあと脳を検査してみると、まさしくクロイツフェルト・ヤコブ病であったことが判明したのである。

数ヵ月後にこのことを知ったヒンツ博士は考え込んだ。もしかしたらヒンツは、クロイツフェルト・ヤコブ病が医薬品を通じてうつった例を、どこかで読んだことがあったのかもしれない。とにかく、一九八五年三月四日、彼の署名の入った一通の手紙が食品医薬品局（ＦＤＡ）に送られてきた。食品医薬品局というのは、その許可がなければ医薬品をアメリカの市場に出すことができないという、大変権威のある機関である。ブラウンの報告書には、この手紙からつぎの一節が引用されている。

…患者は十四年間成長ホルモンの投与を受けておりますので、それがもとでクロイツフェルト・ヤコブ病にかかった可能性を疑ってみる必要があると思います。過去二十五年間に成長ホルモンによる治療を受けた患者全員をくわしく追跡調査し、ほかにも神経系変性疾患の症例があるかどうかを調べたほうがよいでしょう。

当局は素早く対応した。さっそく医師たちに問題の存在をしらせ、同様の症例があれば報告するよう促した。返事はまもなく返ってきた。四月十一日にとどいたダラスの医師の報告によると、彼のもとで長いこと脳下垂体性小人症の治療を受けていた患者が、一九八五年二月、原因不明の神経疾患で三十二歳で死亡したということだった。また、四月十八日にとどいたバッファローの医師の報告によると、やはり成長ホルモンの投与を受けていた二十三歳の青年が、最近、同じように原因不明の神経疾患で亡くなったということだった。この青年の場合は、死後の脳検査でクロイツフェルト・ヤコブ病であったことがはっきりした。

四月十九日、アメリカの衛生行政は、脳下垂体由来成長ホルモンの治療目的の使用をしばらく停止させるよう決定を下した。成長ホルモンによる治療を受けた数万人の若いアメリカ人のなかから、クロイツフェルト・ヤコブ病にかかったか、またはかかった可能性のある者が三人も出たのは単なる偶然とは思えなかった。クロイツフェルト・ヤコブ病が百万人に一人という、きわめてまれな病気だからというだけではない。若者がこの病気にかかるのはいっそうまれなことなのだ。四十歳未満では一億人に約一人という割合である。おそらくホルモンの製剤に使われたロットのなかに、クロイツフェルト・ヤコブ病で亡くなった人からとった脳下垂体がいくつか入っていて、精製が不十分だったために病原体が残っていたのだろうと思われた。アメリカの行政が迷わずこの決定を下した背景には、遺伝子工学の方法でつくった成長ホルモンの商品化が近々予定されていたという事情もあった。

少しして、今度はイギリスで新しい症例が報告された。子どもの頃に成長ホルモンを投与された若い女性が、一九八五年二月、クロイツフェルト・ヤコブ病のため二十三歳で亡くなったのである。これで数ヵ月のうちに四人の患者が死亡したことになる。子どもの頃に成長ホルモンの投与を受けた若者は世界全体で約二十五万人にのぼるが、そのうちの多くの命を奪うかもしれない疫病のこれは前ぶれなのだろうか？　それとも、製法が古くて精製が不十分なホルモン製剤を投与された人々にしか起こらない特殊なケースにすぎないのだろうか？　現実はそれらの中間にあったのだが、これについてはあとで見ることにしよう。

さて、医師たちがこれらの問題で気をもんでいたとき、イギリスの畜産家たちは初めて見る牛の奇病に直面していた。最初の記録の日付は一九八五年四月だが、同じような例が続いていくつも発生した。症状はつぎのように記されている。

> それまで健康で体調のよかった牛が臆病になり、わずかな接触にも過敏に反応し、軽度の運動失調がみられた。しだいに神経質になり、世話をする人をしきりに蹴った。おびえやすく、気が荒くなった。聴覚刺激に対する反応も過剰で、転倒することさえあった。運動失調はしだいに進行し、測定過大（歩幅が普段より大きくなる傾向）と転倒をともなった。しまいには、不意に狂ったような行動をとったり、地面にすわったきり起きあがれなくなったりしたため、屠殺せざるをえなかった。臨床検査の結果、過去にリストアップされた牛の疾患でこれに該当するものはなかった。[2]

読者にはこれがいわゆる「狂牛病」の最初の現れであり、〝敵〟の新たな変装姿であることがおわかりだろう。しかしながら獣医師たちが病気の牛の脳を調べてこの結論に達したのは二年余りのちの一九八六年末頃であり、この病気が「当面」「牛海綿状脳症（ＢＳＥ）」と呼ばれることになったのは一九八七年のことであった。

こういうわけで一九八五年四月は、とくにヨーロッパで深刻な様相を帯びることになる公衆衛生の二大危機の予兆が現れた月だった。このあととりわけフランスでは、クロイツフェルト・ヤコブ病の病原体による成長ホルモンの汚染が問題となり、イギリスでは狂牛病と、狂牛病の人間への伝達の問題がパニックに発展することになる。しかしこの月は〝敵〟の研究が一段と進んだ月でもあった。プリオン遺伝子がすべての哺乳動物の細胞に存在することがわかったからである。

17 死の接吻

それではしばらく医学研究者と獣医学研究者たちを困惑と心配のなかに置いておき、私たちは〝敵〟の正体であるプリオンの話にもどることにしよう。

先にみたようにプリオンはタンパク質であり、その暗号をあずかる遺伝子はきわめてよく似た形ですべての哺乳動物に存在する。健康な動物の場合、この遺伝子に暗号化されたタンパク質は二四〇個のアミノ酸からなり、ほかの大部分のタンパク質と同じようにタンパク質分解酵素で分解する。これに対してスクレイピーにかかった動物やクロイツフェルト・ヤコブ病にかかった人の場合、このタンパク質は異なる形をとっているらしく、タンパク質分解酵素に強い抵抗性を示す。この二つめの型が感染性である。という意味は、これを動物に接種すると、それをきっかけに同じ性質のタンパク質が蓄積されるということである。これからは「正常プリオンタンパク質」「異常プリオンタンパク質」という言葉で二つの型を区別することにしよう。

その特殊な性質の秘密をさぐるため、プリオンタンパク質は正常型も異常型も念入りに調べられた。まず一九八六年につぎのことが明らかになった。すなわち、非感染動物は正常プリオンタンパク質しか合成しないが、感染動物は通常量の正常プリオンタンパク質とともに、異常プリオンタンパク質も合成しているということである。

正常プリオンタンパク質は膜を構成する膜タンパク質で、細胞表面に存在する。鎖の片端に脂質（脂肪）がついており、それが細胞膜に付着して、タンパク質を細胞表面につなぎとめているのだ。

異常プリオンタンパク質にも正常プリオンタンパク質と同じ脂質がついている。ただ、正常プリオンタンパク質とは異なり、異常プリオンタンパク質は細胞表面には存在しない。おそらく細胞内部の膜に付着しているのだろう。

正常プリオンタンパク質と異常プリオンタンパク質のもうひとつの重要な違いは、合成と分解の速さである。感染動物の細胞では、異常プリオンタンパク質がつくられる速さは正常プリオンタンパク質のそれよりずっと遅い。まるで正常プリオンタンパク質をもとにして異常プリオンタンパク質がつくられているようにみえる。一般にタンパク質は合成されたあと、永遠には生きられない。各タンパク質に固有の割合で、定期的に新しいタンパク質と入れ替わる。このため時がくると、タンパク質は分解酵素によって取り壊される。正常プリオンタンパク質も例外ではなく、比較的速く分解する。ところが異常プリオンタンパク質は分解酵素に抵抗性であるため非常に安定しており、研究室ではいかなる破壊も観察されていない。そこで、正常プリオンタンパク質が定期的に入れ替わってほぼ一定の濃度を保っているのに対し、異常プリオンタンパク質のほうはかなり高い濃度に達するまで蓄積されていく。その結果として細胞が破壊され、神経系に病変が現れるのではないかと考えられる。

正常プリオンタンパク質と異常プリオンタンパク質の違いの秘密を知るには、それらの折りたたまれ方を調べてみる必要がありそうだった。先にのべたように、タンパク質はアミノ酸が鎖のように長くつながってできているが、それがいわば「丸まって」幾何学的にきちんと決まったコンパクトな立体構造をなしている。この立体構造は物理学的な方法で調べることができる。とくによく使われるのは、タンパク質の結晶化（これは必ずしも成功するとは限らない）が必要なX線回折と、タンパク質の溶液に適用される核磁気共鳴である。二十年前とは比較にならない進歩ではあるが、これらの方法でタンパク質の構造を決めるのはかなり手間がかかり、タンパク質の性質が原因で方法そのものが使えないことも多い。それでも今日では一万種類を越えるタンパク質について、その立体構造が解明されている。それらの構造をもとに、タンパク質内でのアミノ酸の鎖の折りたたまれ方に関して、規則がいくつか明らかになっている。それによると、鎖の局所構造は基本的につぎの三つに分類される。一つめはらせん状に巻かれた形（これをαらせんという）、二つめは紙を蛇腹に折ったような形（これはβシートという）、三つめはαらせんやβシートのような規則性がなく、そうした構造にはさまれた部分や鎖の端にみられる不規則な形である。そしてこれらの局所構造がたくさん弱い結合でむすびつき、タンパク質のコンパクトな構造をつくっている。それではプリオンタンパク質の立体構造はどのようになっているのだろうか？

正常プリオンタンパク質と異常プリオンタンパク質の立体構造が異なることは、一九九三年にプルシナーのチームによって明らかにされていた。右にのべたような高度な技術にたよらなくても、もう少し手軽な方法で、特定のタンパク質のなかにαらせんとβシートがどれだけ含まれているか、おおよその見当をつけることはできる。プリオンタンパク質にこれらの方法を適用したところ、正常型にはαらせんが多く、βシートはほとんど、あるいはまったく含まれていないが、異常型にはβシートが多く含まれていることがわかった。これに勢いづいたプルシナーらは、一般のタンパク質の構造やプリオンタンパク質特有の構造にかんする知識にもとづき、正常プリオンタンパク質と異常プリオンタンパク質の構造についてつぎのような仮説を立てた。すなわち、正常型にはαらせんが四つ含まれ、異常型にはαらせんが二つとβシートが四つ含まれる、そしておそらく感染の過程で正常型が異常型に変わり、それにともなって構造が大きく変化した結果、分子がある意味で「コンパクト化」するのだろうというものだ。なるほど美しい理論ではあったが、まもなく再考をうながされることになった。

というのは、正常プリオンタンパク質の真の構造が一九九六年から一九九七年にかけて、チューリヒのルドルフ・グロックシューバーとクルト・ウートリヒのチームによって解明されたからである。核磁気共鳴によって明らかになったその構造は、プルシナーらが考えていた構造とはいくつかの点で異なっていた。まずそこにはαらせんが三つ、小さなβシートが二つ含まれていたが、何より注目されたのは、約百個のアミノ酸からなる鎖の最初の半分がこれといった構造をもたないことだった。この構造をもたない長い領域が、鎖の残り半分が「ほどけ」なくても比較的簡単に構造化されるのではないか、そしてその結果、正常プリオンタンパク質がβシートの多い異常型に変わるのではないかと考えられる。本当にそうであるかどうかを知るためには、異常型の構造がわからなければならないが、それは今のところできていない。

とにかく確実にいえることは、異常プリオンタンパク質と正常プリオンタンパク質の違いはその三次元構造にあるということだ。二つの分子が同じアミノ酸で構成され、同じ化学結合でむすびついているのに、空間におけるアミノ酸の配置が異なっていて、ひとつは感染性、もうひとつは非感染性……こう書いてくると妙にパスツールの酒石酸塩の研究と、彼が創始した立体化学、つまり「空間の化学」が思い浮かぶ。

プリオン遺伝子が非感染細胞にも存在することがわかると、さっそくつぎのような問題が立てられた。

■このタンパク質はふつうはどのような働きをしているのか。

■このタンパク質をもたない動物も感染しうるか。

これらの問いに答えるためには、プリオン遺伝子が破壊されたマウスやハムスターの変異体をつくる必要があった。少しまえから、遺伝子工学の手法をもちいてそのような変異体をつくることは可能になっていた。一九九二年、ワイスマンの研究チームは、プリオン遺伝子が二つとも不活性化され、したがってこれに対応するタンパク質をもたないマウスをつくることに成功した。このことからこのタンパク質は生きるために不可欠ではないということがわかる。そればかりか、変異体の身体と行動の発達にも何ら異常はみとめられず、生殖能力もいたって正常だった。こういうわけで非感染動物における正常プリオンタンパク質の役目はよくわからず、今日でも研究の対象となっている。

一方、これらの変異体は一九九三年、プリオンタンパク質が病気に果たす役割をあざやかに示した。

正常プリオンタンパク質をもたないマウスは、異常プリオンタンパク質を注入されてもスクレイピーにかからなかったのだ。正常プリオンタンパク質がなければ異常プリオンタンパク質はつくられず、したがって病気を起こすことができないのである。

マウスのプリオン遺伝子は、ほかの大方の遺伝子と同じく、配偶子（卵子と精子）を除くすべての細胞に二つずつ存在する。右にのべた変異マウスでは、二つの遺伝子がどちらも不活性化されていた。ワイスマンとプルシナーのチームはこれ以外に、二つのうち一つだけが不活性化されたマウスや、逆にプリオン遺伝子がいくつか余分に導入されたマウスをつくりだした。これらの変異体では、プリオン遺伝子の数が多いほど、病気の潜伏期間は短かった。正常プリオンタンパク質の産出量はだいたい遺伝子の数に比例すると考えてよいから、異常プリオンタンパク質の産出速度は正常プリオンタンパク質のそれと密接に関係していることになる。これは、異常プリオンタンパク質が正常プリオンタンパク質から派生していることを示すそれまでの実験結果とみごとに合致していた。正常プリオンタンパク質がたくさんあればあるほど、異常プリオンタンパク質もたくさんつくられるのである。

プリオン遺伝子が感染動物にも非感染動物にも存在するという事実によって、スクレイピーと、人間の海綿状脳症の謎がひとつ説明できる。その謎とは、病原体に対する免疫反応の不在である。もとより免疫系には、ウイルスであれ、細菌であれ、分子であれ、異物を見分けるという働きがある。そのためにはまず、異物でないもの、いわゆる「自己」を見分けなければならない。さもないと「自己免疫」反応によって、体の自己破壊がはじまるからだ。そこで免疫系は発達の過程で自己の成分を見分けるすべを身につけ、それらに対して「寛容」になった。プリオンタンパク質は、たとえ感染性の特別な形をとっていても、本質的には自己の成分である。だから体はこれに対して完全に寛容で、免疫反応を起こさない。この仮説はつぎのような実験によって裏づけられた。プリオン遺伝子を除去したマウスにプリオンタンパク質を注入すると、いちじるしい免疫反応が起こり、大量の抗体が生産されたのだ。これらの変異マウスにとって、プリオンタンパク質はもはや自己の一部ではなかったのである。

こうした研究がおこなわれていた一九九〇年代の初め、プリオンの増殖のメカニズムにかんしてひとつの理論が浮かび上がってきた。それによると、異常プリオンタンパク質は一種の「死の接吻」、つまりただ正常プリオンタンパク質と結合するだけでこれを異常プリオンタンパク質に変えることができるという。なにやら超自然的な匂いがするが、じつはこの理論の背後にはグリフィスの二つめの仮説があった。そしてグリフィスの仮説も、もとをたどればパスツール学派の調節にかんする考察（といっても今度はタンパク質の合成ではなく活性の調節だが）に行きつくのである。

この考察は一九六三年、パスツール学派のジャック・モノー、ジャン＝ピエール・シャンジューと、ローマで研究していたジェフリー・ワイマンが書いた有名な論文に発表されていた。論文のテーマは酵素反応の活性化と阻害のメカニズムである。じっさいこれらの現象は細胞の調節にきわめて重要な役割を果たしている。たとえば細胞のさまざまな成分は、その合成にあずかる酵素のうち、特定の一つの働きを阻害することができる。それによってこの成分の細胞内濃度が一定に保たれるのだ。阻害因子と結びついた酵素は、活性型から不活性型へと立体構造を変える。この変化はアミノ酸の鎖の折りたたまれ方が微妙に変わることによって生じるらしい。モノー、ワイマン、シャンジューによれば、このタンパク質には活性型と不活性型という二つの形があり、両者はたがいにバランスをとりあっているという。ある種の振動によってこちらからあちらへ、あちらからこちらへと、たえず移り変わっているのである。阻害因子は酵素にとりついてそれを不活性な形にいわば「凍らせて」しまう。モノーらがとくに興味をもったのはきわめて一般的な場合、つまり酵素のアミノ酸の鎖が一本きりではなく、何本かつながって二量体、三量体、四量体などをなしている場合だった。実験結果によれば、阻害因子がどれか一本のアミノ酸の鎖にとりついてそれを不活性な形に凍らせれば、残りの鎖も自動的に同じ形に凍ってしまう。たとえば四量体なら、阻害因子がたった一本の鎖にとりついただけで、四本の鎖がいっせいに不活性型に変化した。たった一本の鎖の立体構造が変わっただけで、残りの三本も右へ習えしてしまったのである。

一九六七年、グリフィスはタンパク質がスクレイピーの病原体になりうるかどうかを検討して、毒性分子である二量体が二つの無毒な単量体と結合することによって新しい毒性二量体をつくりだすというシナリオを提示したが、これは基本的にはモノー、シャンジュー、ワイマンのアイデアを借用したものといえた。なぜなら彼の仮説は、アミノ酸の鎖が、無毒な単量体の状態にあるか毒性の二量体をなしているかによって、異なる立体構造をとるという前提に立っているからだ。そしてしまいには毒性タンパク質が正常タンパク質の形を変えてしまうのである。

一九九〇年代、スクレイピーなど海綿状脳症の専門家の多くが支持するようになったのは、まさしくこの考えだった。すなわち、異常プリオンタンパク質が正常プリオンタンパク質と結合することによって、これを異常型に変えるというのである。その方法は何通りもあるだろう。真に「死の接吻」の名にふさわしいもっとも簡単な筋書きでは、異常プリオンタンパク質は単量体の形で存在し、正常プリオンタンパク質の単量体と結合して二量体をつくる。この二量体のなかで、正常プリオンタンパク質の形が異常型に変わる。そのあと二量体が切り離され、異常プリオンタンパク質の単量体が二つになる。この過程が無限にくりかえされることによって、異常プリオンタンパク質の量が幾何級数的に増えていくというのである。別の筋書きでは、異常プリオンタンパク質は小さな重合体、つまり溶液や脳で観察された例の小繊維や棒状体の構成部分として存在する。正常プリオンタンパク質はこの構造と結合すると異常型に変わって安定する。こうしてできた小重合体がふとしたはずみにちぎれ、それぞれの部分がまた核となって正常プリオンタンパク質をとりこんでいくという。この過程は、飽和溶液のなかで結晶核をきっかけに始まる結晶化の現象とよく似ている。

異常プリオンタンパク質が正常プリオンタンパク質と結合することによってその形を異常型に変えるという考えは、その変化がじっさいにどのような過程をたどるにしても、伝達性亜急性海綿状脳症のさまざまな側面を説明することができるだろう。その一部はすでにのべ、ほかのいくつかはあとでのべるが、つぎの一点はさっそくこの理論に照らしておきたい。種の異なる動物のあいだの伝達という、狂牛病パニックで今日よく話題になるいわゆる「種の壁」の問題である。

種の壁はたしかに存在するが、絶対的ではない。もちろん乗り越えられないようにみえることもある。

しかしたいていの場合、種の異なる哺乳動物のあいだで病気をうつすことは難しいけれども可能である。すでにみたように、羊から山羊に、山羊からマウスに、あるいは人間からチンパンジーに病気がうつされたとき、潜伏期間はきわめて長く、感染させるのに必要な病原体の量もかなり多かった。その反面、いったん新しい種に順化してしまえば、潜伏期間は短くなり、病原体の性質も変化した。プルシナーとワイスマンのチームはこうした現象を研究するために、マウスとハムスターのあいだで伝達実験をおこなった。これらの動物のあいだでスクレイピーをうつすのは大変であり、潜伏期間もきわめて長い。そこで彼らは、プリオン遺伝子がハムスターのものと置き換わっているマウスの系統をつくった。これらのマウスは、注入されたプリオンに対してはハムスターとして行動する。実験してみると、ハムスターのプリオン［訳注　ハムスターに順化したスクレイピーの病原体株のこと］には容易に感染したが、マウスのプリオンには強く抵抗した。したがって、種の壁をなしていたのは種によって異なるプリオンそのものだったわけである。

この考えが正しいことは、別のマウスの系統をつかった実験で確かめられた。たとえば、マウスとハムスターの両方のプリオン遺伝子をもつマウスがつくられた。このマウスにハムスターのプリオンを接種すると、ハムスターのプリオンがつくられ、それをハムスターに接種すると容易に感染するが、マウスに接種してもなかなか感染しなかった。一方、これらのマウスにマウスのプリオンを接種すると、今度はマウスのプリオンがつくられたのである。

先にのべたプリオン増殖理論の枠組みでこれを解釈すると、異常プリオンタンパク質は自分と異なる種よりも、同じ種の正常プリオンタンパク質と結合するほうを「好む」ということになる。「死の接吻」は、異なる種のタンパク質どうしよりも、同じ種のタンパク質どうしのほうが自然におこなわれるのだ。

それでは種の壁を越えるとき、病原体を大量に接種しなければならず、潜伏期間が長くなる現象はどのように説明できるだろうか？　プリオン増殖理論は異常プリオンタンパク質と正常プリオンタンパク質の結合を仮定している。この結合は、二つのタンパク質が同じアミノ酸配列をもつときは比較的容易だが、種が異なるときのように、配列が厳密に同じでないときはより難しいだろう。異種間伝達で相互作用がおこなわれにくく、潜伏期間が長くなるのはこのためだろうと思われる。

もうひとつ、今度は種の壁が乗り越えられたときにみられる順化を説明しなければならない。これについては、異なる種からきたプリオンと相互作用をして異常型に変わるとき、接種された動物のプリオンタンパク質がとる形は、その動物種に固有のものではないかと考えることができる。この問題は理論的に興味深いばかりでなく、狂牛病の原因と結果を分析するときにきわめて重要になってくる。あとであらためて論じることにしよう。

しかし、今はまだそれに答えるときではない。それよりもまず、スクレイピーの専門家や、人間の海綿状脳症の専門家が長いこと悩み続けてきたひとつの問題を、新しい理論に照らしてみなければならない。いったいこれらの病気は感染症なのか、それとも遺伝病なのか？　ここまでくればもう答えは明らかなようにも思われる。つまりこれは感染症であり、病原体はきわめて型破りではあるが、特定されている、「プリオン」とよばれるタンパク質がそれだ、と。ところが……

18

自然発生説の仕返し

スクレイピーは感染性疾患である。そのことはキュイエとシェルが一九三六年におこなった伝達実験から、また、同じ頃スコットランドで、汚染された跳躍病のワクチンを通じて多数の羊に病気がうつったことからもわかっていた。人間の海綿状脳症であるクールーとクロイツフェルト・ヤコブ病も同様である。そのことは一九六〇年代後半、チンパンジーに病気をうつしたガイジュセックのチームによって証明されていた。したがって、パスツールの研究に端を発した伝染説のドグマが正しいならば、この病気にかかるのはまさにうつされたからでしかありえなかった。

海綿状脳症が感染症であるからには、どのようにうつるかをつきとめなければならない。スクレイピーの場合は自然伝染を支持する証拠が有力で、そのメカニズムについては、胎盤を通じた伝播・伝達という少なくともひとつの可能性が示されていた。人間の海綿状脳症はといえば、クールーが食人の風習を介してうつったことは疑う余地がなかった。だが、クールーのように発生地域が限られていないクロイツフェルト・ヤコブ病はどうだろうか?

一九八五年よりまえ、この病気が確かに人間から人間へうつったと断言できる例は、数えるほどしか知られていなかった。先にふれたいわゆる「医原性」の症例である。のちに別の、不幸なことにより多くの症例が、成長ホルモンの投与と硬膜移植から生ずることになる。それでもこれらがクロイツフェルト・ヤコブ病全体のなかで占める割合は、微々たるものにすぎなかった。このような医原性の病気は別として、ほかのクロイツフェルト・ヤコブ病は何から起こったのだろう？　これらもやはり感染によるのだろうか？

一九八〇年代後半になって、新たな説が浮かび上がってきた。そのきっかけとなったのは、一九三六年に発見されたことを除き、これまで話題にしてこなかったゲルストマン・シュトロイスラー症候群の研究である。この病気がクロイツフェルト・ヤコブ病と関係づけられたのはかなり遅く、一九八〇年代に入ってからだった。というのは、同種の病気であるにもかかわらず、両者のあいだにははなはだしい違いがあったからだ。まず、ゲルストマン・シュトロイスラー症候群のほうが患者の年齢が若く、発症後の罹病期間も、クロイツフェルト・ヤコブ病の六ヵ月に対して五年、ときわめて長かった。臨床症状や、神経系の病変においても相違点がたくさんあった。たとえばゲルストマン・シュトロイスラー症候群の患者の脳にはたくさんのアミロイド斑がみられ、それらはクールーとアルツハイマー病のそれの中間の特徴をもっていたが、そのような斑はクロイツフェルト・ヤコブ病の患者の脳にはほとんど見られなかった。ところが、ゲルストマン・シュトロイスラー症候群のいくつかの症例と、クロイツフェルト・ヤコブ病の多様な側面をくわしく研究しているうちに、前者が後者の少し特殊な変型にすぎないことがわかってきたのである。ゲルストマン・シュトロイスラー症候群の患者のアミロイド斑にもプリオンタンパク質が含まれていたし、この病気もまたクロイツフェルト・ヤコブ病と同じく、実験によって霊長類にうつすことができたからだ。

つまり、ゲルストマン・シュトロイスラー症候群は、〝敵〟のもうひとつの変装姿だったのである。それは一億人に一人かかるかどうかという、きわめてまれな病気だった。散発性の症例もあるにはあったが、多くは家族性で、この病気をもっている家系では平均すると各世代の約半数が病気にかかっていた。しかしゲルストマン・シュトロイスラー症候群はクロイツフェルト・ヤコブ病の変型であり、クロイツフェルト・ヤコブ病は感染症なのだから、伝染説のドグマにしたがうならば、これは遺伝のせいではなく、先天性感染のせいだと考えられてもよかったはずである。しかし専門家たちはいくつかの理由にもとづき、この病気をはじめて報告した医師たちと同様、どちらかといえばこの病気を優性変異によって引き起こされた遺伝病とみなすようになっていた。遺伝病の可能性をみとめるならば、海綿状脳症においてプリオンの果たす役目の重要性を考えると、ゲルストマン・シュトロイスラー症候群を引き起こす原因としてプリオン遺伝子の変異を疑うことができる。じっさいそれがプルシナーらの予想であり、一九八九年に彼らが到達した結論だった。というのは、この病気をもっている家族をアメリカで一家族、イギリスで一家族調べたところ、プリオン遺伝子の塩基対に同じ変化が生じており、その結果どちらの家族でも、プリオンタンパク質の一〇二番目のアミノ酸に変異が起きていることがわかったからだ。この変異はゲルストマン・シュトロイスラー症候群に特有のもので、無作為に抽出した一般人百人の標本のなかにも、別の型のクロイツフェルト・ヤコブ病の患者十五人のなかにも見出されなかった。

したがってゲルストマン・シュトロイスラー症候群は、プリオン遺伝子の変異を原因とする遺伝病のように思われたのである。それでいてこの病気は、動物にうつすことができる。ということは、感染症でもあった。

この結果に触発されて、クロイツフェルト・ヤコブ病の症例のうち、家族性として知られるものと、特定地域における有病率が異常に高いものについて、多くの研究がおこなわれ、それらすべてにプリオン遺伝子の変異がみられることが明らかになった。変異の内容は、ひとつの家族や地域のなかでは同じだが、複数の家族または地域でくらべると異なっていることが多かった。今日ではクロイツフェルト・ヤコブ病の多様な現れ方に対応して、およそ二十の変異が知られている。つぎに二つ例をあげよう。

一つめは、一九八六年にはじめて報告された〝敵〟のまた新しい変装姿である。例によってはじめは別の病気と考えられ、「致死性家族性不眠症」と名づけられていた。じっさいこの病気は何より不眠を特徴とし、はじめのうちはいくらか眠れるが、のちにはまったく眠れなくなる。起きていながら夢みているような状態がしだいに多くなって、一年もたたないうちに死にいたる。臨床症状にも神経系の病変にも、クロイツフェルト・ヤコブ病を思わせるものは何もないが、それでもやはりその変型だった。というのは、ゲルストマン・シュトロイスラー症候群と同じように、患者の脳にタンパク質分解酵素抵抗性のプリオンタンパク質が見つかったほか、動物にうつすこともできたからである。この病気では、プリオン遺伝子の変異はすべて一七八番目のアミノ酸の変化に対応していた。これは致死性家族性不眠症に特有の変異だった。つまり、右にのべたような臨床症状を呈し、検査対象となったすべての人に、同じ変異が起きていたのである。しかし逆は真ではなく、この変異をもっていても症状はむしろ典型的なクロイツフェルト・ヤコブ病に近いという人もいた。したがってこの場合（といってもこの場合だけではないが）、変異の内容によって病気の特徴が完全に決定されるとはいいきれなかった。

二つめは、これまでに何度かふれたイスラエルのリビア系ユダヤ人の例である。この民族集団のなかでクロイツフェルト・ヤコブ病にかかった人はすべてプリオン遺伝子に変異が起きていた。この場合変化していたのは二〇〇番目のアミノ酸である。その後、これと同じ変異が、イスラエル以外の地中海諸国にすむ複数のユダヤ人家族にも発見された。家系をさかのぼって調べてみると、この変異をもつ遺伝子は、むかしチュニジアのジェルバ島に住んでいたとみられる一人の共通の祖先からきているらしいことがわかった。こうして、この民族集団におけるクロイツフェルト・ヤコブ病の異常に高い有病率をその食習慣のせいにする考えは放棄された。この、二〇〇番目のアミノ酸の変化をもたらす変異は、のちに中央ヨーロッパや南アメリカでもみつかった。そのおかげで、彼らの祖先が一四九二年の異端審問のためにスペインを去ったユダヤ人であったことが判明したのである。

これら遺伝性クロイツフェルト・ヤコブ病では、変異は一般に、一対のプリオン遺伝子のうちの一つだけにしか生じていなかった。一つが変わっただけで病気が引き起こされた、ということは、家系調査から予想されたとおり、この変異は優性だったのである。しかしその反面、変異があればかならず発病するというものでもなかった。たしかに一〇二番目のアミノ酸の変化をもたらす変異は、別の理由で夭(よう)折(せつ)した人を除いて、ほとんど確実にゲルストマン・シュトロイスラー症候群を引き起こした。だが、二〇〇番目のアミノ酸が変化しているリビア系ユダヤ人のなかには、クロイツフェルト・ヤコブ病を発症しないまま長生きする人もいたのである。

ともかく、このようにクロイツフェルト・ヤコブ病のなかには、感染性でありながら遺伝性でもあるものがいくつも存在することが明らかになった。この一見矛盾する事実をどのように理解すればよいのだろうか？

プリオン説に戻ろう。この説によれば、異常プリオンタンパク質とは脳のなかにふつうに存在するプリオンタンパク質が異常な形をとったものであるという。そして正常プリオンタンパク質は、異常プリオンタンパク質と結合することによって形を変えてこの異常型になるのだという。とすると、遺伝性のクロイツフェルト・ヤコブ病については、つぎのようなことが容易に想像できる。すなわち、遺伝子に何らかの変異がある場合は、外から異常プリオンタンパク質が入ってこなくても、プリオンタンパク質が自然に形を変えて異常プリオンタンパク質になるのではないだろうか。この場合、正常プリオンタンパク質が異常プリオンタンパク質に変化する確率は、プリオン遺伝子に起こっている変異の内容によって異なってくるだろう。そう考えれば、ある場合には変異をもっている人がほぼ全員病気になるのに、別の変異では発症しないことがある、その理由も納得がいく。

それではこのような考え方を、遺伝性よりはるかに症例の多い散発性のクロイツフェルト・ヤコブ病にあてはめて、その発病のメカニズムを推測してみよう。すぐに頭に浮かぶのは、散発性もやはりプリオン遺伝子の変異によるのではないかという考えである。じっさい、もしその変異が、患者の親のなかで卵子または精子がつくられたときか、胚形成のごく初期にはじめて起こったのだとすれば、祖先のなかにはこの病気の患者はいないはずであり、したがって家族性の病気には分類されなかっただろうと考えられる。だが、じっさいに散発性クロイツフェルト・ヤコブ病の多数の患者でプリオン遺伝子を調べてみたところ、この考えは成り立たないことがわかった。散発性の患者の場合、プリオン遺伝子に変異は起こっていなかったのである。

つぎに頭に浮かぶのは最初のとよく似ているが、変異が患者の発達過程で生じ、変異の起こった細胞の遺伝子しか変化していないという考えである。もしそのような変異（「体細胞突然変異」という）が胚発生の途中で、将来神経系になる細胞に生じたとしたら、神経系だけに変異が起こり、ほかの組織はもとのままだろう。そしてほとんどの細胞は変異遺伝子をもっていないにもかかわらず、変異遺伝子をもっているごく少数の細胞からごく少量の異常プリオンタンパク質がつくられるだけで、それらがほかの細胞でつくられた正常プリオンタンパク質をつぎつぎに異常プリオンタンパク質に変えていくだろう。

もうひとつ可能な考えは、正常プリオンタンパク質が非常に低い確率ではあるが自然に形を変えて異常プリオンタンパク質になることがありうるというものである。そのようなことが百万人に一人の割合でしか起こらないとしても、いったん起これば外から病原体が入ったときと同じように、奇形のプリオンタンパク質がかなりの量の正常な分子をつぎつぎと異常プリオンタンパク質に変えていくだろう。この考え方でいけば、遺伝性のクロイツフェルト・ヤコブ病にしても、その原因とされるプリオン遺伝子の変異は、ただプリオンタンパク質が自然に感染性の形に変わる確率を上げているだけなのかもしれない。

これで、ひとつの病気が感染症でありながら、あるときは遺伝病として現れ、しかもあるときは自然発生まですることがプリオン説によって説明されたことになる。十九世紀、パスツールと対立していた自然発生説派にとって、これはまた何という仕返しだろう。

仕返しといえば、スクレイピーを遺伝病とみなしていた畜産専門家や獣医学研究者たちも、これで少しは無念が晴れただろうか？　この場合、事はそれほど明らかではない。簡単にふり返っておこう。

十八世紀、スクレイピーがはじめて報告されたときから、多くの畜産専門家がこれを遺伝病とみなしてきた。その後これが感染症であり、伝染することがわかると、遺伝病の考えは捨てられた。そしてそれまで遺伝や自然発生が原因だといわれていた症例は、じつはほかからうつされたものだったのに見抜けなかったのだと考えられるようになった。しかし今日では、クロイツフェルト・ヤコブ病に遺伝や自然発生の可能性がみとめられるようになっているので、スクレイピーもそうではないかと考えるのはもっともなことである。つまり、羊の群れに生じるスクレイピーの大半はたしかに伝染が原因だとしても、そのうちのいくつかは自然発生または遺伝が原因なのではないだろうか？

この問題には満足のいく答えがあたえられていない。確かなことは、オーストラリアのように昔からスクレイピーのない国もあるということだ。クロイツフェルト・ヤコブ病に散発性のものがあるように、もしスクレイピーにも散発性のものがあるとしたらそのようなことにはならず、どの国、どの地域にもスクレイピーが存在したはずである。とはいえ、このような議論がどれだけ的を射ているかはわからない。群れのなかのほかの羊に伝染しない単発のスクレイピーは、発症してもそれと気づかれないで終わってしまうこともありうるからだ。

このため、人間のクロイツフェルト・ヤコブ病に散発性や遺伝性があるのと同じように、羊のスクレイピーにもそういうものがあるかどうかはわかっていない。そのかわり、今、確実にわかっていることがある。それは、スクレイピー病原体に対する感受性が遺伝的に制御されているということだ。これについては、つぎにのべるように、マウスをもちいて詳細な観察がおこなわれてきた。

チャンドラーによって山羊からマウスへはじめてスクレイピーがうつされたとき、マウスの系統によって感染するものとしないものとがあった。この問題は数年後、アラン・ディキンソン率いるイギリスの別の研究チームに受けつがれた。一九六八年、彼らはマウスがスクレイピーの潜伏期間をつかさどる遺伝子をもっていることをつきとめた。実験によれば、六つの系統のうち五つは潜伏期間が二十一日ないし二十六日だったが、残りの一つは三十七日だった。潜伏期間の短い系統から一つをえらび、もっとも潜伏期間の長い系統と交配させたところ、「スクレイピーの潜伏期間の長さ」という形質が遺伝形質としてふるまうことがわかった。つまり「スクレイピーの潜伏期間の長さ」は、遺伝子によって親から子へ伝えられるのである。遺伝学、のちには遺伝子工学をもちいて、ディキンソンらは一九九八年、ついにこの遺伝子がプリオン遺伝子にほかならないことをつきとめた。異なる系統のマウスをくらべると、プリオン遺伝子の塩基配列に局部的な違いがあり、この違いがスクレイピーの病原体にたいする感受性に影響をあたえている。羊の場合も同様で、プリオンタンパク質を構成するアミノ酸の性質にかんして、遺伝子が多くの型をとりうることが（遺伝子多型）、結果としてスクレイピーにたいするさまざまな感受性の違いを生みだしていることがわかった。このことからとくに、なぜ羊の品種によって感受性が異なっていたかが説明できる。

ディキンソンらはもうひとつ別の事実を明らかにする実験もおこなった。今度はマウスの系統ではなく、プリオンの株の違いに関係している。まえに、パティソンとミルソンが山羊にスクレイピーをうつしたとき、病原体に二種類の株があって、それぞれ「麻痺（まひ）型」「掻痒（そうよう）型」という異なる症状を引き起こしたという話をしたのを覚えておいでだろうか？　ディキンソンも異なる株をいくつか見つけていたが、それらの違いはとくに潜伏期間の長さにあった。彼はそのなかから二種類の株をえらび、それらを、潜伏期間をつかさどる遺伝子が異なる二系統のマウスに接種した。結果は思いもよらないものだった。二つの株を仮にA、Bとすると、A株を接種したときの潜伏期間がより長かった系統がB株を接種したときにはより短くなった、つまりA株を接種したときとB株を接種したときとでは、潜伏期間の長さの順序が二つの系統のあいだで入れ替わったのである。つまり、病原体にたいする感受性がプリオンタンパク質のアミノ酸配列によって決まっているといっても、どの病原体株に対しても一律に決まっているのではなく、病原体株の種類に応じて異なっているということだ。プリオン株の話はあとでもう一度とりあげる。この問題をこれまでのべてきたようなプリオン説に組み込むのはなかなか難しいのである。

そのプリオン説だが、今日多くの専門家からみとめられているこの理論を、この辺で一度まとめておくことにしよう。

伝達性亜急性海綿状脳症、つまり動物ではスクレイピー、人間ではクロイツフェルト・ヤコブ病に代表されるこの病気は、「プリオン」とよばれるタンパク質によって引き起こされる。このタンパク質は、非病原性のいわゆる「正常」な形をとってすべての哺乳動物に存在する。プリオンは病原性・感染性の異常な形をとることもあるが、そういうときはアミノ酸の鎖の折りたたまれ方が正常なものとは異なっているらしい。正常型から感染・異常型への移行は、きわめて低い確率で、自然に起こりうる。これが散発性クロイツフェルト・ヤコブ病である。プリオン遺伝子に変異が生じると、この移行が高い確率で起こるようになる。これが遺伝性クロイツフェルト・ヤコブ病である。感染型は正常型の形を異常型に変えさせることができる。これが、スクレイピーが羊のあいだで自然伝染するとき、またクロイツフェルト・ヤコブ病が医療行為を介してうつるときに起こることであり、食人の風習によってクールーが伝播したときに起こったことである。また、正常プリオンタンパク質から異常プリオンタンパク質への移行が、自然発生にせよ、感染の結果にせよ、ひとたび起これば〝敵〟が体中に広がっていくのも、やはり感染型が正常プリオンタンパク質の形を異常型に変えさせることができるからである。

これまでの話でおわかりのように、プリオン説は多くの既成概念と衝突した。しかし、すべてを説明することはできなくても、そこにはかなりの真実が含まれていると思われる。それがノーベル賞選考委員会にみとめられ、一九九七年、伝達性亜急性海綿状脳症の研究に二つめの賞があたえられた。栄誉に浴したのはもちろん、感染性タンパク質という概念を導入したスタンレー・プルシナーである。

プリオンの命名とともに一九八二年に生まれたこの説が本当に理論の名に値するようになってきたの

は、一九八五年、プリオン遺伝子がすべての哺乳動物に存在することがわかってからだった。プルシナーのノーベル賞受賞は、それから十二年後、この説が当初の異端めいた性格にもかかわらず、大多数の科学者に受け入れられるほど堅固なものになっていたことを示している。この十二年が終わったときに、新たなる人智の勝利を喜ぶことができていたらどんなによかっただろう。だが残念なことに、研究室で〝敵〟の理解が急速に進んでいる間にも、向こうは医学と農業の進歩を逆手にとって新たな犠牲者をつくりだしていた。一九八五年四月の心配は現実となった。汚染された成長ホルモンの投与によるクロイツフェルト・ヤコブ病の患者数は依然として増えつづけ、いわゆる「狂牛病」の流行は畜産業を壊滅させるほどの規模に達し、人類の健康にも大きな不安をなげかけていたのである。

19 大きくなって死ぬ

大きくなって死ぬ。それが成長ホルモンを投与され、クロイツフェルト・ヤコブ病に冒された子どもたちの悲劇的運命だった。その数は百四十八人を下らない。

このドラマがどういう結末を迎えるかはまだわからない。この病気は不幸なことに潜伏期間が長いため、新しい症例が毎年発生しているからだ。

一九八五年、最初の犠牲者発生のニュースに専門家たちは虚をつかれた。まさか本当に汚染が起こるとは思っていなかったのだ。一九七五年頃からガイジュセックらにより、クロイツフェルト・ヤコブ病が神経外科の手術、臓器移植、またはたんなる輸血でもうつる危険性のあることは警告されていた。それなのに一九八五年四月よりまえに、成長ホルモンという特別な場合におけるその危険性を指摘した学術論文はひとつもなかったのである。もっともあとになって、イギリスの医学研究会議（ＭＲＣ）の研究者たちが実はそれを心配していたことが明らかになった。彼らがこの危険をどのように見積もろうとしていたかはのちに見る。フランスでも一九八〇年、やはりこの問題が提起されていたが、そのあたりの事情をここにのべておこう。

一九七九年の末頃、フランスのある病院で、角膜移植を介して人間が狂犬病ウイルスに感染するという事件が起こった。人間が狂犬病にかかるなど、フランスでは久しくなかったことなので、この事件は大きな反響を呼んだ。フランス脳下垂体協会も、成長ホルモンがウイルスに汚染される危険性はないかと心配になり、ウイルス学者に意見をもとめた。質問を受けたのはエイズウイルスの発見で知られるリュック・モンタニエである。そのころ彼はすでにパスツール研究所に移っていたが、エイズウイルスはまだ発見していなかった。回答書[1]のなかでモンタニエは、当時はほとんどの協会員が知らなかったと思われるクロイツフェルト・ヤコブ病に言及している。

ホルモン製剤が汚染されている危険性があるとすれば、それはホルモンの提供者が向神経性ウイルスによる急性疾患で死亡したか…スローウイルス性脳症で死亡したかのどちらかである。スローウイルス性脳症のなかには…病原体が非定型で、まだ十分な特徴づけがされていないものや（クロイツフェルト・ヤコブ病[2]）、ただそう推定されているにすぎないものもある（多発性硬化症、パーキンソン病）。…とくにクロイツフェルト・ヤコブ病（ＫＪ）は感染の危険性に十分気をつけなければならない。きわめてまれな病気ではあるが（百万人につき平均一人）、病原体のキャリアはこれよりずっと多いかもしれない。病原体はクールーや羊のスクレイピーと同種または同一であり、熱、タンパク質変性剤、電離線および非電離線にきわめて強い抵抗性を示す。…さしあたっては、こうしたリスクを減らすための予防措置をとることをお勧めする。

脳下垂体の提供者からつぎの条件に当てはまる者を除外すること。

■向神経性ウイルスによる急性ウイルス疾患で死亡した者。……

■ウイルス性であるとないとにかかわらず、脳症で死亡した者。……

■死亡前の二年間に、神経精神科の重い障害が現れ、急速に進んだ者（死因はこれとはかぎらない）。これによって、KJは保有していたが病気が終わる前に（ふつうは十八ヵ月もかからない）別の理由で死亡した者、だがより進行の遅い多発性硬化症やパーキンソン病のような、ウイルス性かどうか本当はまだわからない病気で亡くなったのではない者を除くことができるだろう。

将来は、非常に強いガンマ線をKJの病原体と成長ホルモンそのものに照射して、作用を比較するというような研究が可能になろう。病原体を選択的に不活性化することも、確実とはいえないが、できるようになるかもしれない。

数日後、フランス脳下垂体協会で理事会がひらかれ、モンタニエの報告にどう対処するかが話し合われた。会議の終わり頃、協会の創立者で、会長でもある小児科医ピエール・ロワイエは、つぎのように発言した。「わが国では、これまで六百人の子どもに（成長ホルモンを）処方し、三ヵ月ごとにきちんと経過観察をおこなってまいりました。そのかぎりではいかなる事故も支障も確認されておりません。従いまして、リスクは仮に存在するといたしましてもきわめて低いと思われます。しかし安全のためには万全を期さなければなりません。」そして彼は脳下垂体の収集にあたってはモンタニエの勧めにしたがうことを提案し、理事たちの賛同をえた。それまで採取をおこなっていた病院には、とるべき処置を明記した通知が送られることになった。また、ロワイエの指示により、電離線（ガンマ線）が成長ホルモンを壊さずにクロイツフェルト・ヤコブ病の病原体を不活性化できるかどうかを実験で調べることになった。この実験には有名な放射生物学者レイモン・ラタルジェも協力した。ラタルジェもかつて放射線に対するスクレイピーの感受性を調べたことがあったのだ。しかし結局この問題に決着をつけることはできなかった。クロイツフェルト・ヤコブ病の病原体を不活性化するのに十分と思われる量の放射線を脳下垂体に照射したところ、ホルモンの活性も失われてしまったからである。

理事会の勧告にしたがって脳下垂体収集の新しい規則が定められると、ホルモンの製剤と配布はもとのように再開した。それ以来、クロイツフェルト・ヤコブ病の感染の危険性は、一九八五年四月までもはや話題にのぼらなかった。一九八三年に社会事業調査団（ＩＧＡＳ）の調査がおこなわれたときも、脳下垂体の採取にかんする事務手続きや経理の問題ではクレームをつけられたが、ホルモン製剤を通じて感染症がうつる危険があるというような話はいっさい出なかった。報告書にも「クロイツフェルト・ヤコブ病」という言葉は出てこなかった。フランス脳下垂体協会だけでなく、ホルモン製剤を製造している世界中の医療団体や工場が、精製に精製をかさねてつくった自分たちの製品に自信をもっていた。そしてこの自信は、今日多くの人々が考えるのとは反対に、一九八五年四月、薬剤の汚染が原因とみられるクロイツフェルト・ヤコブ病の最初の症例が報告されたときも、おいそれとは消えなかったのである。

たとえば、イギリスで五月十八日から成長ホルモンの使用が禁止されることになったとき、『ランセット』はこれを論説にとりあげてつぎのようにのべている。

わが国では成長ホルモンの製造のためにアメリカ合衆国とは異なる抽出法をもちいており、その最新製法にしたがっているかぎり、危険性はきわめて少ないはずである。すべての抽出過程において年々改良がかさねられた結果、今日もちいられているホルモン製剤は初期のものとは比べものにならないほど純度が高くなっている。それでも絶対の安全性を保証することはできないので、生合成ホルモン剤が使えるようになるまで（年内にはそうなる見通しである）現在ストックされているホルモン剤の使用を禁止したほうがよいということになった。(3)

これが当時、イギリスにかぎらず、フランスやほかの国々の多くの医師たちが抱いていた正直な気持ちだった。おそらく汚染は事実だったのだろう（といってもそれを疑う者もいたが）、しかしそれは一九六〇年代の末期か一九七〇年代のごく初期、ホルモンの精製がまだ十分でなかった頃のことだ。そのころと比べると今の精製法は格段に改善されているのだから、この先また同じ事故がくりかえされるとは思えない。それが彼らの気持ちであり、ましてイギリスの場合はそう考えるだけの十分な根拠があった。

というのは、先にのべたとおり、一九七〇年代の終わり頃、医学研究会議（ＭＲＣ）の研究者たちがこの問題を考えていたからである。彼らはあとで後悔しなくてすむように、脳下垂体をわざと汚染させ、自分たちの精製法で病原体が除去できるかどうかを調べることにした。クロイツフェルト・ヤコブ病の病原体は定量が難しく、取り扱いが危険なので、かわりにスクレイピーの病原体を使うことにし、それを脳下垂体からの抽出物に加えた。そしてこの抽出物からホルモンを精製し、マウスに接種して、精製分画に含まれる病原体の量を測定した。一九八三年にえられたその結果は一九八五年八月にようやく発表されたが、それによると精製されたホルモンに感染力は検出されなかったということだった。したがって、フランスやそのほかの国々でも使われているこの精製法を守っているかぎり、仮にクロイツフェルト・ヤコブ病で死亡した人の脳下垂体が混じっていたとしても、製剤の過程でそれを取り除くことができるように思われた。それでも研究者たちは、抽出と精製には細かい点まで十分気をつけるよう注意をうながした。たとえば、このタイプの病原体を除去するには特別な殺菌をおこなう必要があるが、そのような殺菌をしていない器具で精製分画を再汚染してはならない。また、そうした注意をすべて守ったとしても、感染のリスクは微小とはいえゼロではないのだから、さまざまな手を尽くしてさらにそれを縮小または除去しなければならないというものである。

先にみたようにアメリカ合衆国とイギリス、それにいくつかの国々は、人間の脳下垂体から抽出したホルモンを使うことをただちに禁止した。危険を回避するためとはいえ、患者と家族にあれほど喜ばれていた治療をこれで永久にやめなければならなかったとしたら、この決断はもっと難しかったに違いない。しかし本当に運よく、別の方法によるホルモン生産が今にも始まろうとしていた。この製法の母体となったのは、フランスのパスツール研究所とアメリカ合衆国のカリフォルニア大学で一九七〇年代末期からおこなわれていた研究である。一九七九年に最初の成果が発表されたその研究というのは、要するに細菌に人間の成長ホルモンの遺伝子を導入して、これを「強制的に」合成させようというものであった。当時は遺伝子工学が生まれたばかりで、方法論的な関心があったのはもちろんだが、本来の目的は、いくらでもホルモンをつくりだせるしくみを手に入れることだった。人間の成長ホルモンより安全なものをつくろうという意識はなかった。それどころか、そんなものが安全だなどとは思ってもみなかった。じっさい一九七九年当時は、ほとんどの人が遺伝子工学を警戒していた。遺伝子工学でつくったものなど怖くて使えなかった。しかし一九八五年には人々の気もちも変わり、脳下垂体由来ホルモンで生じた問題を解決するために、細菌につくらせたホルモンを使うのも悪くないと考えるようになっていた。折しも、アメリカのバイオテクノロジー産業の草分けであるジェネンテック社で、一九七九年からつづけてきた研究が実り、まもなく商品化が実現しようとしていた。ただ、この巡りあわせは今思うととても幸運だったとはいえ、当時は一も二もなく歓迎されたわけではなかった。これを会社の宣伝行為とみて、脳下垂体由来のホルモンを投与された子どもがかかったクロイツフェルト・ヤコブ病、といってもすべてがそうではないらしいが、そのわずかな症例をだしに使って、「生合成」だか「組み換え」だか知らないが、その会社でつくったホルモン製剤を売り出そうとしている、と不信の目を向ける者もいたのである。それはともかく、この組み換えホルモンは一九八六年にアメリカの市場に登場し、一九八八年以降はほとんどすべての国で脳下垂体由来の成長ホルモンにとってかわった。

こうして、アメリカ合衆国とイギリスとほかの数ヵ国では、一九八五年の春から脳下垂体由来ホルモンの使用が禁止されたが、すべての国でそうだったわけではない。とくにフランスでは引き続きこのホルモンを使用することが決まり、ただ精製法だけは変更して、汚染の危険をなくすか、無視できるレベルまで下げようということになった。

もっとも大きな変更は、精製されたホルモンを濃縮尿素で処理することにした点である。尿素はタンパク質を「ほどく」ことで知られている。タンパク質の合成の過程でアミノ酸の鎖が丸まったのをほどくのだ。しかも、スクレイピーの病原体の性質を研究しているうちに、その感染力が濃縮尿素によって壊されることがわかってきた。一方、これはホルモンの製造をはじめたフランス人も一九八五年四月まで知らなかったことだが、製薬会社のなかにはすでにホルモンの製造に尿素をもちいていたところもあった。といっても、その目的は万一の汚染を防止するためでも何でもなく、ホルモンがたまにつくる凝集体を解きほぐして生産性を上げるためにすぎなかったのだが。しかし、ホルモンの製造に尿素が使えるという事実は重要だった。大部分のタンパク質は尿素によって不活性化するのに、成長ホルモンはそうではないことがこれではっきりしたからである。つまり、尿素を使えばガンマ線にできなかったことができる。ホルモンを壊さずに、スクレイピーとよく似たクロイツフェルト・ヤコブ病の病原体を不活性化することができるのだ。

こうして一九八五年五月から、生合成ホルモンに切り替えられた一九八八年まで、フランスでは尿素で処理された成長ホルモンがつくられ、ほかの数ヵ国でも同様のことがおこなわれていた。フランスが脳下垂体由来の成長ホルモンを使いつづけた理由はいろいろあるが、おもなものを二つあげれば、ひとつは生合成ホルモンが使えるようになる時期がはっきりしなかったこと、もうひとつはそれらに対する一種の不信感だった。不信感のもととなったのは、商品化された最初の生合成ホルモンが、自然のホルモンと厳密に同じではなかったという事実である。合成ホルモンの一方の端にアミノ酸がひとつ余分についていたのだ。このため、このホルモンが患者の免疫系から異物として認識され、その結果、排除されるのではないかと心配された。それがちょうど糖尿病で、人間のホルモンとわずかに異なる豚や牛のインシュリンを投与したときに起こった問題だったのである。ともかく今日判断しうるかぎりでは、各国が下した決断はいずれも功を奏し、現在知られているクロイツフェルト・ヤコブ病で、一九八五年以降につくられた成長ホルモンが原因で起こったとみられるものはひとつもない。一方、これ以前の治療については、不幸なことに禍(わざわ)いの種はすでに播(ま)かれてしまった。

けれどもそれから三、四年のあいだは、一九八五年四月に報告された四つの症例が例外的な事件のように思われたのである。もしかしたらそれらは一つだけ汚染されていた脳下垂体のロットから、すでに廃止された古い方法でつくられたホルモンが原因だったのではないか？　たしかに一九八七年から一九八八年にかけて新しい症例が三件報告されたが、それらを加えてもしょせんはホルモン治療を受けた二万五千人のうちのたった七人にすぎないではないか？　これではとても疫病とはいえず、従来のホルモン製法を信頼するといっていた人々の言い分が正しかったようにみえた。ところが悲しいことに一九八九、九〇年頃から様子が変わってきたのである。一九九〇年には、成長ホルモンが原因のクロイツェルト・ヤコブ病で亡くなった人は合計十三人になった。アメリカ合衆国で七人、イギリスで四人、ニュージーランドで一人、ブラジルで一人である。フランスは禍いをまぬがれただろうか？　残念ながらそうはいかなった。

一九九二年、フランスではこの病気が四件報告された。十歳と十一歳の子どもが二人、十八歳と十九歳の青少年が二人である。初期症状が現れたのは成長ホルモンの投与がはじまってから六年ないし十二年後だった。それからも患者はとりわけフランスで増えつづけた。二〇〇〇年末、報告された症例の総数は一三九件にのぼり、そのうち七五件がフランスで発生していた。こうなるとたった一つのロットや、特別な製剤法のせいにするわけにはいかない。当然複数のロットが汚染されていたはずであり、尿素処理の導入によって問題が解決するまで使われていた比較的新しい精製法も、ホルモンから病原体を完全に除去することについては、古い方法と同じくらい非効率的だったに違いなかった。フランスでは他国にくらべて汚染の度合いが高かったようである。その証拠に犠牲者の数がほかより多く、潜伏期間も短いように思われた。過去にさかのぼって疫学的に分析してみると、フランスの子どもたちが感染したのは一九八三年末から一九八五年五月までの間だったようである。したがってこの間に大規模な汚染があったことはまちがいないが、はっきりした理由はわからない。

この病気で亡くなった子どもや若者たち、またその家族にとって、これはとりかえしのつかない悲劇だった。過去に成長ホルモンを投与された人々、とくに先にあげた期間に治療を受け、現在健康を保っている多くの若いフランス人にとっては、今もなお不安な日々がつづいている。

20 悲劇の教訓

悲劇は避けられなかったのだろうか？　理屈の上では、避けられたかもしれない。しかし、それとひきかえに脳下垂体性小人症の治療はあきらめなければならなかっただろう。

問題意識があれば脳下垂体由来ホルモンで治療することの危険性を感じとれたかもしれない学術的な情報は、一九六〇年代末期から、つまりフランス脳下垂体協会が成立するまえから存在していた。だがそれらは知られていなかった。知られていた場合でも、脳下垂体性小人症の治療にかかわっていた小児科医や内分泌科医たちからは、正しく評価されていなかった。思い出していただきたいのだが、ガイジュセックのチームがチンパンジーにクロイツフェルト・ヤコブ病をうつすことに成功したのは一九六八年のことである。それによってクロイツフェルト・ヤコブ病と羊のスクレイピーの大きな類似性が証明され、ともに「亜急性海綿状脳症」の名でよばれることになったのだ。これらの病気の病原体は、正体は不明ながら非常によく似ているに違いなかった。したがってスクレイピーについていえることはかなり高い確率でクロイツフェルト・ヤコブ病についてもいえる可能性があった。しかも獣医学の分野では、脳下垂体性小人症の治療にたずさわっている医師たちを考え込ませるような結果が数多く発表されていた。一九六三年にはチャンドラーによって、スクレイピーにかかったマウスの脳がたった一つあれば、何百万、いや何十億というマウスを感染させられるであろうことが示されていた。一九五〇年代初めには、パティソンとミルソンがスクレイピーに感染した山羊の体のさまざまな部位で病原体を探した結果、脳下垂体にも病原体が大量に存在することがつきとめられていた。また、スクレイピーが筋肉注射でうつりうることは、一九三六年、跳躍病ワクチンを接種された羊が何百頭も感染した事故からわかっていた。したがって一九六〇年代の末期には、脳下垂体由来成長ホルモンを通じてクロイツフェルト・ヤコブ病がうつる恐れのあることは、理論的には推測できてもおかしくない状況にあった。しかし実際問題として、どの小児科医、どの内分泌科医が畑違いの獣医学の文献をわざわざ探して読むだろうか？　しかもその一部は三十年もまえに書かれているのだ。それに、ひとつ大事なデータが欠けていた。それは人間におけるこの病気の発生頻度で、これがないとリスクの見積もりはできないのである。

じっさい、この病気の発生頻度にかんする疫学データがはじめて発表されたのは、それから約十年ものちの一九七九年のことだった。この研究から、例の百万人に一人という数字が出てきたのであり、それがのちに確認されて一九八〇年一月、モンタニエによってフランス脳下垂体協会への手紙に引用されたのである。ところがこの数字があまりにも印象的で覚えやすかったために、クロイツフェルト・ヤコブ病の希少性が強調されすぎてしまった。そして、採取した脳下垂体が汚染されている確率も、モンタニエのように「健康なキャリア」を含めてもなお非常に低いはずだと思いこまれてしまった。脳下垂体は一般人の集団からではなく、死者だけから採取されるということが忘れられたのだ。ところが死者のなかで、発病から死までの期間が短いクロイツフェルト・ヤコブ病の患者が占める割合は、一般人の集団における割合よりもはるかに高かった。ブラウンやガイジュセックらは、最初の犠牲者が出たあと、一九八五年九月に発表した論文のなかでこの点を強調している。

アメリカ合衆国では、あらゆる死因を含めた年間死亡率は、一九六〇年から一九八〇年までで約〇・九パーセントであるから、国の総人口二億五〇〇〇万人に対して二五〇万人弱が毎年死亡していることになる。一方、クロイツフェルト・ヤコブ病で死亡する割合は一〇〇万人につきおよそ〇・七人ないし一人であるから、合衆国全体では毎年二五〇人弱ということになり、先の結果とあわせると、死者のなかでこの病気で死亡した人が占める割合は、一万人に一人という計算になる。

成長ホルモンの製剤にもちいられる脳下垂体の数は、一ロットにつき五百ないし二万であるから、脳下垂体の提供者からクロイツフェルト・ヤコブ病の患者が徹底的に除去されていないかぎり、汚染は頻繁に起こったと考えられる。[1]

このあとブラウンらは、クロイツフェルト・ヤコブ病患者の除去がおこなわれていなかったこと、おこなわれていたとしても実効性はなかったことを指摘している。それどころか、患者からとられた脳下垂体は、一万個につき一個よりも多かったであろうと思われた。この病気の患者は亡くなると病理解剖で穿孔術（せんこうじゅつ）を受けることが多く、これによって脳下垂体が採取されやすくなるからである。つまり、ホルモンの精製にもちいられていた世界中のロットのうちの相当数が、汚染された脳下垂体をそれぞれ一つ以上ずつ含んでいたと考えられるのだ。

クロイツフェルト・ヤコブ病の病原体の特殊な性質、すなわち、ほとんど何にでも「接着して」さまざまな大きさの凝集体をつくりたがること、感染力をなくすための通常の処理に並はずれた抵抗性を示すこと、定量ができないこと、これらすべてのせいで、ホルモン精製のときに病原体の除去を試みても成功するかどうかはおぼつかなくなってしまう。そういうわけでブラウンやガイジュセックらが当初、成長ホルモンを投与された若者が大量に感染するかもしれないと考えたのはもっともなことであった。現実はどうかといえば、感染の症例は不幸なことに多く、今日まで世界全体で百四十八人ほどに達しているが、伝播の範囲はかぎられているらしく、成長ホルモンを投与された若者のうちで病気に冒されたのはほんの一部のようである。大きく広がらなかった理由としては、

■精製の過程でかなりの量の病原体が除去されていた
■筋肉注射による感染の効率が悪い
■病気に対する感受性に個人差がありうる
■凝集傾向があるため、一回の精製でえられる多数のホルモン剤のごく一部に病原体が「かたまって」入った

などが考えられる。

ホルモン製剤を通じた感染の予測が困難なことは、汚染されたホルモンのロットを特定するためにア

メリカ人がおこなったつぎのような試みからも明らかになった。一九八五年、彼らは七十六のロットを用意し、各ロットから三つのサンプルをえらんでそれらを別々のサルに注射した。こうして合計二二八匹のサルが接種を受けたが、五年後、クロイツフェルト・ヤコブ病にかかったのはそのうちのたった一匹にすぎなかった。しかも注目すべきことに、感染したサルと同じロットで接種された残りの二匹は感染をまぬがれたのである。

いま仮に、ホルモン剤の製造者たちがモンタニエの回答書をみて、わずかなリスクも回避しようと思っていたらどういうことになっていたか考えてみよう。おそらくその場合は、ただちに脳下垂体性小人症の治療をやめてしまうよりほかに方法はなかったのではないだろうか？　いかなる方法で提供者をえらんでも、採取した脳下垂体のなかに汚染されたものがまぎれこむ危険は完全にはなくならない。それに、生化学的・免疫学的な方法で病原体の量を決定することができない以上、精製されたホルモンの無害性を確かめることも不可能だからである。しかし、だからといって正体不明の病原体による純粋に理論的なリスクとひきかえに、二十年来使われ喜ばれてきた治療法をやめてしまうのは難しく、患者とその家族の理解も得にくかったに違いない。

関係者の苦しみはいかばかりかと思われるが、それでもこの悲劇から〝敵〟について二つの新しい知識がもたらされた。ひとつは臨床的な現れ方に関係し、もうひとつは病気に対する遺伝的な素質に関係している。これらの成果はおもにイギリスのジョン・コリンジのチームと、フランスの伝達性海綿状脳症の専門家ドミニク・ドルモンとその共同研究者ジャン＝フィリップ・デリス、およびティエリー・ビエット・ド・ヴィルムールのチームの研究からみちびかれた。

まず臨床面だが、医原性クロイツフェルト・ヤコブ病の臨床症状は、「散発性」といわれる自然発生の場合とは異なることがわかった。医原性の場合、初期症状はつねに小脳の異常を反映して、たとえば平衡障害などがあらわれるが、散発性の場合は大脳の異常を反映して、痴呆の症状が支配的である。このような臨床面での違いは、異常プリオンタンパク質が存在する体の部位の違いに起因していた。異常プリオンタンパク質が存在する部位は、タンパク質分解酵素への抵抗性によって割り出すことができる。その結果、医原性の場合、異常プリオンタンパク質の量は小脳に多く、前頭葉はそれほどでもなかったのに対し、散発性ではたいていその逆だった。また、顕微鏡で脳を観察してみると、医原性の場合はアミロイド斑が多くみられたが、散発性の場合はほとんどみられなかった。一般的にいって、医原性クロイツフェルト・ヤコブ病の症状はクールーのそれと非常によく似ていた。ここで思い出されるのは、医原性クロイツフェルト・ヤコブ病もクールーも、筋肉注射または食べ物を通じたいわゆる「末梢」感染であるのに対し、散発性クロイツフェルト・ヤコブ病のほうは神経系そのもので病気が始まると考えられていることである。研究者のなかには、末梢経路で感染すると散発性の場合とは異なるプリオン株が選択されるのではないかと考える者もいる。

もうひとつの研究はプリオン遺伝子に関係している。先に、プリオン遺伝子のある種の変異がいわゆる遺伝性クロイツフェルト・ヤコブ病を引き起こすということをのべた。これらの変異を別にすれば、同じ民族、同じ人種に属する人々は全員ほぼ同じプリオン遺伝子をもっている。ほぼ同じ、だが完全に同じではない。というのは、プリオン遺伝子もほかの遺伝子と同じく、ある程度の多型性をもっているからだ。つまり、同じ人種や民族に属する人々のあいだでも、遺伝子がごくわずかに異なっている場合があり、したがって対応するタンパク質のアミノ酸が一個ないし数個異なってくるのである。プリオンタンパク質の場合は、一二九番目のアミノ酸がバリンであったりメチオニンであったりする（バリンもメチオニンも、タンパク質を構成する二十種類のアミノ酸のひとつである）。人間はだれでもプリオン遺伝子を二つもっているので、それらに対応するタンパク質の一二九番目のアミノ酸が二つとも同じ場合と、異なっている場合とがある。二つとも同じならその人は「ホモ接合体」であるといい、異なっているときは「ヘテロ接合体」であるという。一般のヨーロッパ人では、五一パーセントがメチオニンとバリンをもつヘテロ接合体で、三七パーセントが二つともメチオニンのホモ接合体、残り一二パーセントが二つともバリンのホモ接合体となっている。ところが、医原性クロイツフェルト・ヤコブ病の患者でこの割合を調べたところ、一般人の場合とはまるで異なっていることがわかったのである。フランスの研究を例にとると、一九九四年に発表された第一回目の結果では、プリオン遺伝子が解析された二十三人の患者全員がホモ接合体だった。このことは、ホルモン治療をほどこされた子どもの約半数に当たると考えられるヘテロ接合体が、体内に入った病原体に抵抗したことを示しているように思われる。五年後の一九九九年、ホモ接合体の割合はさすがに一〇〇パーセントではなくなっていたが、それでも解析を受けた五十五人のうち四十六人、つまり八三パーセントと、依然として高い割合を占めていた。ヘテロ接合体である残りの九人が発病したのは一九九四年よりあとだった。したがってヘテロ接合体は病原体に完全に抵抗性なわけではないが、潜伏期間はホモ接合体よりも長いのだろうと思われる。

イギリスでも、成長ホルモンを通じてクロイツフェルト・ヤコブ病に冒された子どもにホモ接合体があまりにも多いことがコリンジのチームによって発見されていた。そこで散発性の場合について同様の調査をおこなったところ、驚いたことに同じ結果がでたのである。つまり散発性の患者においても、ホモ接合体の割合は八〇パーセントを超えていた、ということは一般の集団における四九パーセントよりはるかに多かったのだ。したがって細胞のなかに二種類のプリオンタンパク質（一二九番目のアミノ酸がバリンのものとメチオニンのもの）が含まれるヘテロ接合体は、一般的にいってホモ接合体よりもクロイツフェルト・ヤコブ病にかかりにくいということになる。この結果をみると、種の壁のところの議論を思い出さずにはいられない。感染過程がはじまるのに不可欠だといわれるプリオンタンパク質の相互作用は、やはり二つのタンパク質の構成要素が同じでないとうまくいかないのではないか？　細胞のなかにわずかに異なる二種類のタンパク質が混在していると、相互作用に時間がかかるか、さもなければまったく作用できないのではないだろうか？

成長ホルモンを投与された子どもの悲劇が明らかになったのは、アメリカで最初の症例が報告された一九八五年四月であった。奇妙な一致といおうか、のちに狂牛病とわかる最初のケースが発生したのもちょうどその頃である。はじめのうち、これら二つの出来事のあいだには何の関係もなかった。しかし、やがてどちらも同じ事件となって現れることになる。クロイツフェルト・ヤコブ病の感染が起こったのだ。

21 狂った、牛が？

牛海綿状脳症の最初の症例が報告されたのは、たしかに一九八五年四月だった。だが、それが病名と結びついたのは二年ものちのことである。驚かれるかもしれないが、群れのなかのたった一頭が死んだだけでは、たとえその原因がよくわからなくてもさほど重大な事件とはいえず、わざわざ検査に出して死因を調べるようなことはしないものだ。死んだ牛のことはあきらめて、解体業者にまわし、もうそのことは話さない。それですまなくなるのは、同じ群れの牛が何頭も同じような病気で死んだときである。そういうときは獣医師が保健衛生所に届けなければならない。それがまさにイギリス南部の州で一九八五年四月から一九八六年二月にかけて起きた出来事だった。同じ群れの九頭の牛に重い神経障害が現れたのだ。牛たちは衰弱して死んでいくか、やむなく屠畜（とちく）された。一九八六年十一月、そのうち二頭の脳がロンドン近郊のウェイブリッジ中央獣医学研究所で検査され、海綿状脳症と診断を下された。一九八六年十二月から翌年五月までにも、新たに四頭の牛の脳に似たような病変が観察された。しかもそのうち三頭は最初の群れとは別の群れの出身で、それぞれ州も違えば牧場も違っていた。もはや疑問の余地はなかった。イギリスの牛に何か異変が起きているのだ。さっそく全国の獣医師に一見新しいこの病気の存在が知らされ、症状に気づいたらすぐに知らせるよう通達が送られた。一方、科学者たちは一九八七年十月の末、ジェラルド・ウェルズをはじめとする中央獣医学研究所の研究者たちが発表した論文によってはじめてこの出来事を知った。

その論文には病気の症状と、牛海綿状脳症（BSE）の名のもととなった脳の病変のようすが、はじめて、手短に記されていた。それによると、病変はおもに脳幹（大脳と脊髄をつなぐ重要な部分）の灰白質に現れる［訳注　灰白質には神経細胞が密集している］。「海綿状（スポンジ）」の名のとおり、たくさんの空胞ができていることが特徴である。羊のスクレイピーとのいちじるしい類似性も強調されていたが、たしかにある症例では、スクレイピー感染動物の脳からとった抽出物にみられるのと同じような小繊維が観察されていた。以上のことから、これがまた〝敵〟の新しい変装姿、つまり新しい伝達性海綿状脳症である可能性はきわめて高かったが、確かなことはまだわからなかった。

一方、一九八七年春におこなわれた獣医師への呼びかけはさっそく功を奏し、新しい症例が何十件も報告された。その数と分布状態から判断すると事態はかなり深刻であり、本格的な疫学研究をおこなって病気の広がりぐあいを正確にはかり、原因を究明しなければならないことがわかった。こうして一九八七年六月から疫学研究がはじまった。

翌一九八八年はひとつの転機となった。まず牛海綿状脳症が伝達性であることが確かめられた。つぎにその出現の推定原因がつきとめられた。そしてこの新手の疫病を終わらせるために最初の対策が講じられた。さらに、人間にうつるかどうかという問題も提起されたのである。

牛海綿状脳症が伝達性でありプリオン病のひとつであることは、一九八八年の十月と十一月に発表された二つの短い報告書に示されていた。一つめの報告書によれば、牛海綿状脳症にかかった牛の脳をすりつぶしてマウスに接種したところ、スクレイピー特有の臨床症状と脳の病変が現れたという。もう一方の報告書によれば、牛海綿状脳症にかかった牛の脳からの抽出物には、スクレイピーにかかった動物にみられるのとよく似た小繊維が含まれていたということだった。この小繊維にはタンパク質分解酵素に抵抗性のタンパク質が含まれており、そのアミノ酸配列は羊のプリオンタンパク質のアミノ酸配列と非常によく似ていた。このタンパク質は十中八九、牛のプリオンタンパク質であろうと思われた。

一九八八年十二月には、牛海綿状脳症にかんする最初の疫学研究の結果が、ジョン・ワイルスミスとその共同研究者たちによって発表された。この研究には七百件近い症例が集められているが、そこに示されたいくつかのデータはあとで改めて取りあげることにして、ここでは病気の推定原因についての結論にだけふれておこう。はじめに立てられたいくつかの仮説のうち消去法で残ったのは、牛の餌にまぜる食品添加物のなかに羊のスクレイピーの病原体が混入していて、それが牛に感染したのではないかという考えだった。食品添加物のひとつに、屠畜場や食肉処理場で出た肉や骨の屑(くず)からつくられるいわゆる肉骨粉があった。肉骨粉の原料には羊から出た屑も使われるので、スクレイピーが今でもイギリスの風土病であることを考えれば、その病原体が屑を汚染している可能性は十分にあった。ただ、あとで見るように、肉骨粉を牛の飼料に使うのはかくべつ新しいことではなく、スクレイピーが発生した頃からすでにはじまっていた。それならなぜ牛海綿状脳症は一九八五年に発生し、それよりまえには発生しなかったのだろうか？　報告書には、考えられるおもな理由としてつぎの二つがあげられていた（これらは両立しうる）。ひとつは、イギリスで羊の数が一九八〇年以来急増し、それにともなって当然スクレイピーの発生も増加したために、病気の羊に由来する肉や骨の屑が多くなり、粉末の加工原料に含まれる病原体の量が増えたからというもの。もうひとつは、比較的最近になって肉骨粉の加工法が変わり、スクレイピーの病原体を破壊していた昔の工程が廃止されたからというものである。

　肉骨粉が牛海綿状脳症の出現の原因となったのではないかという考えは、一九八八年春には当局の知るところとなった。イギリス政府は一九八八年六月から七月にかけて、一連の対策を打ちだした。これによって牛海綿状脳症が届け出を義務づけられたほか、何より重要な対策として、反芻動物由来のタンパク質を含む飼料を反芻動物にあたえてはならないことになった。もしワイルスミスらの考えが正しければ、牛海綿状脳症はこの措置によってしだいに消えていくはずだった。一九八八年の夏にはまた別の措置がとられたが、これは、スクレイピーの病原体が羊から牛にうつったのなら、今度は牛から人間にうつるのではないかという消費者の不安をしずめるためだった。なかでも重要な措置は、牛海綿状脳症の疑いがある牛はすべて殺して廃棄するというものだったが、これは死骸の焼却をめぐって非常に面倒な問題を引き起こした。はじめのうち、畜産農家には処分する牛の値段の五〇パーセントが補償されていた。だがこれでは届け出が徹底しないように思われたため、一九九〇年二月、補償率は一〇〇パーセントに引き上げられた。一九八八年と八九年には、羊の体組織におけるスクレイピーの病原体の分布についてすでに知られていることにもとづき、いくつかの処置がとられた。こうして、たとえば、すべての牛は健康にみえても潜伏期にあるかもしれないという理由で、「特定危険部位」、すなわち脳、脊髄、胸腺、扁桃腺、腸、脾臓が、一九八九年十一月以降、流通経路からはずされたのである。

一九八八年末から、これらの対策が功を奏するのを待ちながら、牛海綿状脳症の研究は猛烈な勢いで進んでいった。何より重要なのは、この新しい病気の特徴をもっとよくとらえ、その発生原因についての仮説を検証し、人間にうつる危険性を見積もることだった。

牛海綿状脳症は、羊や山羊や人間の海綿状脳症とは異なり、臨床的な現れ方も、神経系の病変の部位も性状も、驚くほど安定しているのが特徴である。多くの場合は四歳から五歳のあいだに発症する。おもな初期症状は、最初の症例についてウェルズらが報告したとおり、神経過敏気味になり、地面を蹴(け)るようになり、運動機能に支障をきたす。ほかの海綿状脳症と同じく、臨床症状はひそかに進み、容赦(ようしゃ)なく悪化する。そしていつか行動がおかしくなり、搾乳(さくにゅう)室に入るのを嫌がったり、群れからぽつんと離れていたり、そうかと思うとほかの牛や、ときには飼育係にまで思わぬ攻撃性を示す。運動面で顕著な症状は後肢の協調がうまくいかなくなることで、その結果よく転ぶようになり、起きあがるときも後肢が弱っているので前肢で立とうとする。触覚や聴覚に過剰反応が多くみられる。これらの症状はもちろんスクレイピーにかかった羊のそれとよく似ているが、かといってまったく同じわけではない。スクレイピーの場合、必ず現れる症状のひとつに強烈なかゆみがある。このため羊はあらゆるものに体をこすりつけ、しまいには体毛があちこちすり切れてぼろぼろになってしまうのだが、牛海綿状脳症にかかった牛は少しもかゆそうなしぐさをしないのである。初期症状が現れてから死ぬまでの期間は一ヵ月ないし六ヵ月である。

一九九〇年、ただならぬ様相を呈してきた獣疫（動物の疫病）に関心を深めたマスコミは、牛海綿状脳症をさして「狂牛病」という言葉を使いはじめた。うるさいことをいえば、この言葉は十分に現実をあらわしているとはいえない。「狂った」牛といってもしょせんは動きのままならない、神経質でおどおどした、過敏な動物にすぎないのである。

病気の発生原因をつきとめようとした疫学研究からは、きわめて興味深い結果がもたらされた。まず、初期の研究では、汚染源はおそらく肉骨粉だろうと推定されていたが、肉骨粉の使用が禁止されたあとの変化を調べることによって、この考えの正しかったことが裏づけられた。海綿状脳症は潜伏期間が長いので、一九八八年七月に禁止措置を講じたからといってすぐにその効果があらわれるというわけにはいかない。はたして届出件数は始めのうちは増えつづけ、一九八八年には月平均数百頭だったのが、一九九二年には月平均三千頭ほどになった。だがその後は減りはじめ、一九九五年には月平均千頭ほど、二〇〇〇年には月平均百頭ほどになった。ということは、やはり肉骨粉が汚染源だったと考えてまちがいなさそうである。禁止措置のあと牛海綿状脳症が少しずつ消えていくようすは、食人風習の禁止によってフォレ族からクールーが消えていくようすを思わせた。そのせいか世間では、牛海綿状脳症が現れたのは、肉骨粉を飼料に混ぜることによって本来草食の牛を肉食にしたからだ、などというようなことがよくいわれた。これは部分的には正しいが、事はそれほど単純ではない。

なぜなら肉骨粉の使用は今にはじまったことではないからだ。その証拠に、一八九三年に出版された家畜の餌をテーマにした本に、つぎのように書かれている。

飼料用肉粉。畜産業で使われているもっとも濃縮された餌。リービヒの肉エキスをつくるときにでた滓(かす)である［訳注　リービヒは肉エキス、つまり固形スープの素の製造販売会社の名前。考案者である化学者リービヒにちなむ］。…乳牛も肉牛もはじめは食べたがらないが、ほかの飼葉(かいば)とよく混ぜて少しずつあたえていくと、まもなく受け入れるようになる。一日に一・五キログラムまでは食べられるだろう。羊のほうが抵抗するが、それでもしまいには慣れてくる。(1)

最後の文はついでのように書かれているが、これを読むと、羊のスクレイピーもじつは肉骨粉を通して広がったのではないかという気がしてくる。ともかく、これでわかるように牛の餌に肉骨粉を混ぜることは昔からおこなわれていたので、これだけでは牛海綿状脳症の発生の説明にはならないのである。もっとも、肉骨粉の使用量はたしかに一九六〇年代から大幅に増加した。とくに乳牛ではその傾向がいちじるしかったが、これは最大の生産性をあげるために農業の集約化が進んだことと関係がある。餌に少量の肉骨粉を加えることで、タンパク質の必要量がまかなえたのである。だがやはりこの場合も、時間的順序を考えれば、これだけで牛海綿状脳症の発生を説明するのは無理なようだ。もしこのときの増加が原因だとすれば、牛海綿状脳症は十年早く出現したはずだからである。けっきょく、もっとも本当らしい説明は、一九九一年三月、ワイルスミスとその共同研究者たちによってあたえられることになった。

最初の疫学研究のとき、ワイルスミスらは、牛海綿状脳症の流行は一九八一年から一九八二年にかけて、イギリス中の牛が何か未知の出来事にさらされた結果だとのべていた。たしかに病気にかかった牛は、すべてこの時期よりあとに生まれていた。わずか二歳で発病した牛もいたが、大半は四歳か五歳で発病していた。したがって原因は、一九八一年か一九八二年に起こった何かの出来事に違いないと思われた。

ワイルスミスらはイギリスにある四十六の飼料製造工場をおとずれた。一九八八年まで、これらの工場では毎年合計一三〇万トンの肉や骨が粉末飼料に加工されていた。そのためにどのような方法が使われていたか、細部に立ち入っても退屈なだけなのでそれは省く。ただそのなかに水分の除去と、脂肪分の分離の過程があったということだけを覚えておいていただきたい。それにはまず加熱処理が必要だが、その結果として大部分の微生物が不活性化されていた。一九七〇年代のはじめまで、この加熱処理は原料一山ごとにおこなわれていた。それらは二、三時間かけて最高百度ないし百五十度まで熱せられ、十分間から二十分間その温度に保たれる。一九七一年以降は、この一括方式にかわり、より合理的で安上がりな連続処理方式がとられるようになってきた。と、ここまで書くと、この新方式では原料全体に熱が行きわたらず、そのために牛海綿状脳症の病原体が不活性化されなかったのではないかと思われるかもしれない。しかしこの考えもやはり成り立たない。というのは、一括加熱方式から連続方式への移行は一九七二年から一九八四年にかけてゆっくりとおこなわれ、一九七九年には肉骨粉の約半分が連続方式で生産されるようになっていたが、それから一九八二年まで状況はほとんど変わらなかったからである。これではなぜ牛海綿状脳症の病原体が、一九八一年または八二年に突然現れたかを説明することはできない。

これに対して汚染のはじまりと時期的に一致するもうひとつの変化は、有機溶剤を使って脂肪分を抽出するのをやめたということだった。この工程では抽出のあと、百度以上の蒸気による加熱処理がおこなわれていた。有機溶剤の使用中止が決まったのは、経済的理由や生産の合理化といった理由にもよるが、従業員の健康を守るためでもあった。ほとんどの工場では、一九八〇年から一九八二年までに有機溶剤が使われなくなっていた。この時期的一致をみれば、当然この変更が牛海綿状脳症発生の引き金になったのではないかと疑いたくなる。ワイルスミスらはつぎのような説明を考えた。すなわち、牛海綿状脳症の病原体は、脂肪のおかげで熱による破壊から守られていたのではないか。大部分の脂肪が有機溶剤に溶け出してはじめて、熱い蒸気に感受性を示すようになっていたのではないか。つまり、有機溶剤による脂肪の抽出と熱い蒸気による処理の組み合わせが、肉骨粉の製造過程で牛海綿状脳症の病原体を効率よく破壊していたのだが、この工程が削除されたために病原体が不活性化されず、そのまま家畜の餌のなかに入ってしまったのだろうというのである。

ワイルスミスらが肉骨粉が原因だといったとき、彼らが思い描いていたシナリオは、肉骨粉が羊のスクレイピーに汚染され、それが「種の壁」を越えて牛に順化したというものだった。これから見るようにこれはひとつの仮説にすぎず、いかにもありそうに思えるけれども絶対に確実というわけではない。

同じ肉骨粉原因説でも、別の可能性として、牛海綿状脳症がかくべつ新しい病気ではなく、すでに牛のあいだに散発性のものが存在していたのが肉骨粉を通じて広がったと考えることもできるのである。

まず最初のシナリオについて考えてみよう。これは一九八〇年代のイギリスにおけるスクレイピーの有病率［訳注　有病率は、ある時点でその病気にかかっている個体の割合］に関係している。肉骨粉の原料となる肉や骨の屑を大量に汚染できるほどスクレイピーは広まっていたのだろうか？　この問題に答えることはじつはそれほど簡単ではない。二十世紀の末になっても、スクレイピーにかんするデータを集めることは十八世紀や十九世紀と同じくらい大変だったのである。その理由は共通している。一九九〇年に発表された調査結果の序文を見ていただきたい。

> イギリスの羊におけるスクレイピーの罹患率と有病率はわからない。自分の群れにスクレイピーが存在することを認めると、経済的打撃をこうむる恐れがあるので、畜産農家がなかなか本当のことをいいたがらないのである。そこで情報収集は匿名アンケートによっておこなわれた。[2]

この調査報告の結論部分にはつぎのような結果が示されている。すなわち、イギリス全体の羊の群れのうち、三分の一の群れにスクレイピーが発生していた、そしてこれらの群れにおける罹患率、つまり一年間で新たに発生した症例の割合は、百頭につき〇・五頭ないし一頭だったというのである［訳注　罹患率は新たに発生した症例を問題にするため、追跡期間中に病気にかかる可能性のあるものだけを調査の対象とする」。この数字は重要だった。イギリスの羊の総数は約四千万頭であるから、その三分の一の〇・五ないし一パーセントというとおよそ十万頭が毎年スクレイピーで死んでいた、つまり肉骨粉の原料になりえたということになる。

したがって、肉骨粉の原料がスクレイピーの病原体によって相当汚染されていたことは疑う余地がない。それでは、散発性牛海綿状脳症にかかった牛の病原体がこの原料を汚染していた可能性はあるだろうか？

クロイツフェルト・ヤコブ病、つまり人間の海綿状脳症が自然発生的に、つまり散発的に出現しうるならば、牛の海綿状脳症だってそのような現れ方をしてもおかしくないのではないだろうか？　じつはこの考えは専門家からあまり支持されていない。一般に、牛海綿状脳症はまったく新しい病気で、今まで発生したことはないといわれているのだ(3)。それに多くの者は、散発性の人間の海綿状脳症が発症までに最低五十年かかるのだから、散発性の牛海綿状脳症があるとしてもその潜伏期間は相当長いはずで、牛がそこまで長生きすることはないと考えている。ただ、必ずしもそうではないかもしれない、というのは、のちに見るように牛海綿状脳症の病原体は、羊から分離されたスクレイピーの病原体株といくつかの点で異なっているからである。ともかく、確実だと思えることがひとつある。それは、感染牛の病原体による汚染はたしかに起こった、ただし第二段階で、ということだ。じっさい、罹患率は一九八九年から急上昇した。潜伏期間は三年から五年であるから、やはり一九八五年（牛海綿状脳症の流行が始まった年）から一九八八年（肉骨粉の使用が禁じられた年）まで、死んだ牛の死骸を再利用していた結果が罹患率の上昇となってあらわれたに違いない。

牛海綿状脳症には症例の分布において予期せぬ特徴があった。一群れあたりの症例数が極端に少ないのである。はじめて病気が発見された群れでは合計十頭の牛が倒れ、そのため当局の注意を引いたのだが、これは例外で、ほとんどの群れでは発病したのはたったの一頭だけだった。発病した牛が一頭以上いる群れの罹患率はわずか二パーセント程度にすぎない。同じ群れの同年齢の牛なら、同じように病原体の入った肉骨粉を食べていただろうに、発病の仕方がこうも違うとは驚きである。このように牛海綿状脳症の場合、感染するかどうかはきわめて不確かで予測がつかない。この不確実性は個々の牛の遺伝的な違いによるというよりは、経口感染の効率の悪さによると考えられている。肉骨粉に含まれていた病原体の量もあまり多くなかったのかもしれない。そういえば成長ホルモン投与のために起こった医原性感染においても、これとよく似た状況が生じていた。あのときも大多数のロットが汚染されていたはずなのに、発病した子どもの割合はきわめて少なかったのである。

さて、牛海綿状脳症の発生原因と汚染経路がわかると、疫学者たちは一九八八年から始まったイギリス政府の対策を考え合わせて、今後の展開を予想しようと試みた。

一九九一年に発表された論文で、ワイルスミスとウェルズはつぎの三つの場合を想定している。

1　一九八八年の措置によって病気の伝播が完全に停止する。この場合は一九九二年から症例が減少しはじめ、一九九九年か二〇〇〇年頃には完全に消滅するだろう。

2　一九八八年の措置によって経口感染は停止するが、発症した牛や潜伏期間にある牛を通じて子牛に病気がうつる。それでも病気は根絶されるが、その時期は少し遅くなり、完全に消滅するのは二〇〇〇年か二〇〇一年頃になるだろう。

3　母牛から子牛にうつる以外に、羊のスクレイピーと同じく、牛どうしの直接的・間接的接触によってある程度の感染が起こる。この場合、今後の展開は感染の効率に左右されるので、予想はきわめて難しい。

じっさいには、症例は確かに一九九三年から減りはじめたが、二〇〇〇年をすぎても完全に消滅はしていない。最大の理由と思われるのは（ワイルスミスとウェルズは考慮に入れていなかったが）、一九八八年にとられたイギリス政府の対策がきちんと実行されなかったということである。過失か、それとも承知の上でか、肉骨粉は一九八八年以降も牛の餌として使われつづけた。政府は、症例の減り方が思ったより遅いことがわかると、一九九六年に新たな手を打ち、肉骨粉を所持しているだけで犯罪とすることに決定した。一方、二番目に想定されていた母子感染は、ありえないとはいえないが効率が悪いので（病気の母牛から生まれた子牛が発病する割合は多くて一〇パーセント）、今後の展開にはほとんど影響をおよぼさないといってよい。また、三番目の想定のように牛どうしの直接的・間接的接触によって病気がうつれば、羊のスクレイピーのように牛海綿状脳症も風土病化するおそれがあるが、これも今のところその兆候はない。

牛海綿状脳症はイギリスに発生してイギリスでもっとも猛威をふるったが、ほかの国にも飛び火して被害をもたらした。といってもその規模はイギリスほどではない。流行が始まってから二〇〇〇年末までに発病した牛の総数は、イギリスの約二十万頭に対してアイルランドとポルトガルは約五百頭、スイスは四百頭、フランスは二百頭足らずである。牛海綿状脳症が海をわたった理由はほぼ明らかで、肉骨粉の輸出と関係がある。というのは、イギリスの肉骨粉製造業者は、一九八八年の禁止措置によってきびしく取り締まられるようになると、まもなく海外に販路をもとめたからだ。その結果、フランスを含む国々で肉骨粉の輸入量が急増した。もちろんフランス政府は翌年からイギリス産の肉骨粉の輸入を禁じ、つづいて一九九〇年には反芻動物の餌に肉骨粉を使用することも禁じたが、これらの措置もやはりきちんと実行されなかったようである。フランスで症例が一九九一年以来増えつづけ、二〇〇〇年現在もまだ増えつつあるという事実は、四、五年前、つまり一九九五年や九六年頃にもまだ肉骨粉による汚染がつづいていたことを示しているからだ。

フランスの「狂牛」第一号は一九九一年二月に発生した。それ以来、またそのあと起こったすべての出来事に対し、政府は一貫して病気の牛を殺すだけでなく、それを含む群れ全体を廃棄するというやり方で対処してきた。この政策は、牛の病気が人間にうつる可能性を考慮し、できるかぎり消費者を守るためにとられたもので、同じ群れの牛ならおそらく感染牛と同じ餌を食べていただろうから、症状は出ていなくても感染しているかもしれないという考えにもとづいている。それが必ずしもうまくいかないのは、畜産農家のなかには何年もかけて育てた群れを失いたくないばかりに、牛海綿状脳症が発生してもそれを隠そうとする人がいるからである。

22 牛から人間へ

牛海綿状脳症の存在が知られると、さっそく人間にうつりうるどうかが問題になった。たとえば一九八八年六月に出た『イギリス医学ジャーナル』の論説で、この問題はつぎのように論じられている。

…私たちの目の前にあるのは、私たち自身に危険が及ぼうが及ぶまいが、海綿状脳症がいまやわが国の家畜のなかに根を下ろしてしまったという事実である。…どの牛が感染しているかは発症してみなければわからないし、すでに人間にうつってしまったとしても、最初の感染者が発病するまでには何年もかかるだろう[1]…。

一九八八年九月には『ランセット』の論説にも同じ問題がとりあげられた。こうしてイギリスの研究者のあいだで、牛海綿状脳症が人間にうつるかどうかをめぐって議論がはじまった。議論のテーマはつぎの三点にしぼられた。まず感染牛の体のどの部位が感染性が高いか、つぎに経口感染の効率、さいごに人間は「種の壁」によってどれだけ守られているかという問題である。

まず、体のどの部位が感染性が高いかという問題については、とりあえずスクレイピーの研究結果が参考にされた（のちに牛海綿状脳症でもスクレイピーと同じ部位の感染が確認されている）。神経組織、消化管組織、リンパ系組織を人間の食料にもちいることが禁止されたのは、スクレイピーの病原体がこれらの組織に集中していたからである。イギリス全土の牛がこの措置の対象とされた、というのは臨床症状が現れない潜伏期の牛を健康な牛から区別する方法がないからである。一方、筋肉は食べても危険はないと考えられた。この結論は正しいと思われるが、議論の余地はあるだろう。屠畜場で牛の組織を分けるときに実験室と同じような注意が払われているはずはなく、筋肉組織が神経組織によって汚染されるのを完全に防ぐのは難しいからだ。ただ筋肉、つまり食肉が汚染されるとしても、その程度はきわめて少なく、脳のような危険部位の汚染度とは比べものにならない。

経口感染の効率と種の壁の問題は、一九八九年に発表されたデヴィッド・テイラーの論文『海綿状脳症と人間の健康』のなかでとりあげられた。

牛海綿状脳症（BSE）は羊のスクレイピーが何らかの理由で牛にうつったものと考えられるため、今度はそれが人間にうつるのではないかと心配されている。しかし疫学データと実験データによれば、そのような可能性はほとんどないといってよい。[2]

これは多くの専門家の見方でもあったが、それにはそれなりの根拠があった。多くの権威ある研究所で証明されていることだが、経口感染はいつでも非常に効率が悪かったのである。テイラーによればクールーの場合でさえ、それが本当に死者の脳や内臓を処理するときにできた小さな傷口からの皮膚感染ではなく、食べ物を通じた経口感染だったのかどうかは必ずしも明らかではなかった。また一九八五年に発表されたプルシナーらの論文にも、新しい研究の成果として、経口感染は可能だが非効率的であるという結論が示されていた。ハムスターをもちいて経口感染実験をおこなったところ、発病させるには脳内注射でうつしたときの十億倍もの病原体が必要だったのである。一方、種の壁は絶対とはいえなかった。ある場合には乗り越えられなかったが、ほかの場合には難なく乗り越えられたからだ。ただ専門家たちがあまり心配していなかったのは、牛海綿状脳症がしょせんは羊のスクレイピーが牛にうつったものであり、そしてそのスクレイピーは人間にはうつらないことがわかっていたからだった。まえに、イスラエルのリビア系ユダヤ人にクロイツフェルト・ヤコブ病が多い原因として、スクレイピーの経口感染が疑われたことがあったが、その後、遺伝子の変異が原因とわかってこの考えが破棄されたことを思い出していただきたい。ほかにも、スクレイピーにかかった羊を食べることとクロイツフェルト・ヤコブ病との因果関係を示そうと、多くの疫学研究がおこなわれたが、どれも失敗におわっていた。このように羊のスクレイピーが人間にうつらないなら、どうして牛海綿状脳症が人間にうつるだろうか？

こうして、筋肉（つまり食肉）は最初からまったく（またはほとんど）感染していないこと、経口感染は非常に効率が悪いこと、羊と人間のあいだの種の壁が乗り越えられないのだから牛と人間のあいだの壁もおそらく乗り越えられないであろうということを根拠として、牛から人間に牛海綿状脳症がうつる心配はほとんどないと考えられたのである。とはいえ、不安がないわけではなかった。一九六〇年代初期におこなわれたチャンドラーの実験以来、スクレイピーの病原体は宿主を替えるときに性質を変えることが知られていたからである。山羊からきた「麻痺型」の病原体株は、マウスにうつると「掻痒型」に変わることがあった。一般的にいって、いったん種の壁が乗り越えられると病原体は新しい宿主に順化し、それにともなって必然的に性質が変わる。しかも、種の壁が経口感染によって乗り越えられる場合もあることはつぎの例からほぼ確実であり、これこそ牛海綿状脳症が人間にうつりうるかという問題で恐れられていたことだった。いくつかのミンク農場で、スクレイピーにかかった羊の肉で育てられたと思われる毛皮用ミンクのあいだにスクレイピーが流行していたのだ。(3) 飼料用の肉はスクレイピーにかかった羊の肉だと考えられてきたが、もしかしたら本当は散発性の牛海綿状脳症にかかった牛か、やはり海綿状脳症にかかった野生のヘラジカの肉だったのかもしれなかった。一九八〇年にガイジュセックがリスザルの食べ物に汚染物質を混ぜることによって、クールーとスクレイピーの経口感染に成功したことも思い出しておこう。

そのようなわけで一九九〇年の春、三匹の飼い猫が海綿状脳症と診断されたとき、不安は一挙にふくれあがった。猫がこの病気にかかったのは初めてのようだったので、すぐに牛海綿状脳症との関係がとりざたされた。人々は確かな証拠もないのに（けっきょくは正しかったのだが）、牛海綿状脳症の病原体が食べ物を通じて猫にうつったのだときめつけた。ここから、冷静沈着なことで知られるイギリス人のあいだで正真正銘のパニックがはじまった。もし牛海綿状脳症が食べ物を通して猫にうつったのだとすれば、どうして人間にうつらないことがあろう？　それに、さわっただけでも猫から人にうつることがあるかもしれないではないか？

だから人々は不安にかられ、用心深くなった。またしても〝敵〟にやられるのか？　以後イギリスでは、クロイツフェルト・ヤコブ病の新しい症例が現れるたびに詳細な調査がおこなわれるようになる。この病気の罹患率はこれから急上昇するのだろうか？　ふつうはこの病気にかからないといわれている人々にも広がるのだろうか？　今までに知られていない形をとるのだろうか？　それともこれまで通り百万人に一人以下という罹患率を保って、おもに五十代や六十代の人々を襲い、すでにたくさん知られているうちのひとつの型に落ちつくのだろうか？

最初の警報は一九九三年三月に発せられた。あるイギリス人酪農家がクロイツフェルト・ヤコブ病と診断されたのだが、その人の農場では四年前に一頭の乳牛が牛海綿状脳症にかかっていたのである。この人は牛から病気をうつされたのだろうか？　考えられる原因といえばその牛の乳を飲んだということだけだったが、乳からは牛海綿状脳症の病原体も、スクレイピーの病原体も検出されていなかった。クロイツフェルト・ヤコブ病の一般的罹患率や、身近に牛のいる人が多いこと、そのほかの条件を考えあわせるとこの症例は偶然の結果にすぎず、牛海綿状脳症の流行と直接の関係はなさそうに思われた。一九九三年にもう一件、一九九五年にさらに一件、酪農家の症例が現れたが、これらもとくに大きな不安材料にはならなかった。臨床面においても神経系の病変を見ても、三つとも典型的なクロイツフェルト・ヤコブ病だったからである。

二つめの警報は一九九四年四月に発せられた。十五歳のイギリス人少女にクロイツフェルト・ヤコブ病特有の症状が現れたのだ。その年齢の若いことが注意をひいた。少女はそれまで外科手術を受けたことも、成長ホルモンを投与されたこともなかったため、医療行為を通じて感染したということはありえなかった。DNA解析もおこなわれたが、プリオン遺伝子にはいかなる変異もみとめられなかったので、遺伝型クロイツフェルト・ヤコブ病にかかったとも考えられなかった。一二九番目のアミノ酸にかんしてはヘテロ接合体であり、遺伝的には病気にかかりにくいはずだった。彼女の病気ははたして本当にクロイツフェルト・ヤコブ病だったのだろうか？ 診断を裏づける証拠はえられなかった。

三つめの警報は一九九五年十月に発せられた。十六歳の少女と十八歳の若者が「散発性」クロイツフェルト・ヤコブ病を発病したのだ。「散発性」と診断されたのは、まえの少女と同様に特別な原因がなく、医原性でも遺伝性でもなかったからである。しかしクロイツフェルト・ヤコブ病であることは、一人は生検によって、もう一人は剖検によって確かめられた。こんどは不安がはっきりと感じとれた。

イギリスで二人の若者がクロイツフェルト・ヤコブ病と診断されたのはおそらく偶然の一致にすぎず、特別な原因はないものと思われるが、ここであらためてイギリスやほかの国々で、今後もひきつづきこの病気を疫学的に追跡していく必要のあることを確認しておこう。(4)

全国に鳴り響く警報は一九九六年の春に発せられた。

イギリスで過去数ヵ月のうちに確認された十件のクロイツフェルト・ヤコブ病の症例はすべて今までにない神経病理学的特徴を示していた。そのほかの新しい側面は、患者の年齢が若いこと、臨床症状、脳波にクロイツフェルト・ヤコブ病の特徴が現れないことである。欧州監視機構（ヨーロッパ・サーベイランス・システム）の追跡調査を受けているイギリス以外のいかなる国でも、これらに似た症例は発見されていない。おそらく新型のクロイツフェルト・ヤコブ病で、イギリス特有の病気であろうと思われる。ここから牛海綿状脳症との因果関係の可能性が惹起される。これら一群の症例が出現した理由を説明するには、牛海綿状脳症を原因とする説がもっとも本当らしく思われるが、以上にあげた結果だけからそれを断定することはできない。[5]

右に引用したのは、ロバート・ウィルをはじめとする医学者、生物学者、疫学者が一九九六年四月六日発行の『ランセット』に発表した論文である。その内容はすでに三月二十日に、イギリスの厚生大臣を通じて全国民に知らされていた。クロイツフェルト・ヤコブ病という形をとった牛海綿状脳症の人間への感染は、「これから起こるかもしれない」ことから「すでに起こったかもしれない」ことへと変わったのだ。

牛海綿状脳症の流行はおよそ十年前からはじまっていたが、本当の意味で「狂牛病パニック」がはじまったのはこの知らせがきっかけである。その影響はいろいろな意味で非常に大きかった。イギリス国内でも、イギリスから食肉を輸入していた国々でも、人々は牛からつくった製品を疑いのまなざしで見るようになった。牛肉の市場価格は暴落した。三月二十二日、フランスはさっそくイギリス産の牛と牛肉の輸入を禁止した（これは今でも続いている）。三月二十七日、欧州連合（ＥＵ）はイギリス産の牛とすべての牛由来製品の輸入を全面的に禁止した（フランスの反対にもかかわらず、この禁止措置は一九九九年に緩和された）。狂牛病パニックは政治・経済・社会全体に大きな波紋を広げたのである。

ウィルらの論文はなぜそれほどまでに不安をかきたてたのだろうか？　イギリスでクロイツフェルト・ヤコブ病の症例が急増したわけではなかった。一九九〇年に国内で疫学的監視がはじまって以来、調査の対象となった二百七件の症例中、この論文で報告されているのは十件だけなのだから。不安の原因はまず平均二十九歳という患者の若さにあった。そのうち三人は（先にあげた一九九五年十月の二人を含む）、発症当時二十歳にも満たなかったのだ。もうひとつの原因は症状が従来のクロイツフェルト・ヤコブ病と異なっていることだった。たとえば病気の初期に精神障害（とくに抑うつ状態）が目立つこと、脳波に典型的なクロイツフェルト・ヤコブ病のパターンが現れないことなどである。じっさいこれら十件のどれをとっても、臨床データだけからクロイツフェルト・ヤコブ病の可能性を読みとるのは不可能であったに違いない。これらの症例の特異な点は神経病理学的特徴、つまり脳の病変のようすにあった。ふつうのクロイツフェルト・ヤコブ病と同じく海綿状脳症特有の病変がみられたほか、どの症例においてもきわめて特殊なアミロイド斑が観察されたのである。それはクールーにかかったフォレ族の脳の斑に似て、小さな空胞に囲まれていることが多く、そのため「花弁状斑」（花模様プラーク）

とよばれている。このような斑は散発性クロイツフェルト・ヤコブ病にはまったく存在しないか、存在してもごくわずかだが、スクレイピーでは報告されている。なお、十人の患者のだれ一人として、神経外科の手術を受けたこともなければ、成長ホルモンを投与されたこともなかった。十人中八人に対してはプリオン遺伝子の調査がおこなわれたが、遺伝性クロイツフェルト・ヤコブ病の変異はだれにもみとめられなかった。プリオンタンパク質の一二九番目のアミノ酸については、全員がホモ接合体だった。これは病気の危険因子である。以上のことをすべて考えあわせると、十人のイギリス人が新手のクロイツフェルト・ヤコブ病にかかっているのは明らかだと思われた。この病気は「新型クロイツフェルト・ヤコブ病」と名づけられた。

それは〝敵〟の新しい変装姿だった。

新型クロイツフェルト・ヤコブ病の出現が牛海綿状脳症の流行と関係があることは、今や確たる事実とみなしてよさそうに思えた。ヨーロッパでこの病気が現れたのは、牛海綿状脳症が猛威をふるった唯一の国イギリスだけであったし、その時期も、牛海綿状脳症の病原体に食品がもっとも汚染されていた一九八〇年代末期の五年後から十年後であり、五年から十年というのは海綿状脳症の潜伏期間としては妥当な長さだからである。

この結論に対する反応はさまざまで、パニックに陥る人もいれば懐疑的な人もいた。イギリスでは牛海綿状脳症が流行しはじめた頃から神経質になっていた上に、ほかのどの国よりもこの病気にかかる危険性が高かったため、パニックに陥る人が多かった。これに対してフランスのように多くの人が牛海綿状脳症の出現に気づき、自分は大丈夫だと思っている国では懐疑的な人が多かった。ともあれ、牛海綿状脳症と新型クロイツフェルト・ヤコブ病の因果関係はもっときちんとした形で証明する必要があった。これにこたえて非常に説得力のある根拠があげられたのは、それから数ヵ月ないし数年のちのことである。

最初の根拠はフランスの研究者によって示された。彼らは新型クロイツフェルト・ヤコブ病の存在が知られる二年前、牛海綿状脳症にかかった牛の脳をすりつぶしてオナガザルに脳内注射していた。その結果さまざまな神経学的症状が現れたので、このオナガザルを犠牲にして脳を検査したところ、あらゆる点で新型クロイツフェルト・ヤコブ病のとよく似た花弁状斑が観察されたのである。ところが、散発性クロイツフェルト・ヤコブ病の病原体をやはり脳内注射でオナガザルに接種したときは、そのような斑はみられなかった。このように牛海綿状脳症の接種によってオナガザルに花弁状斑が引き起こされたことを考えれば、それとよく似た斑が新型クロイツフェルト・ヤコブ病の人間にみられたのも、やはり牛海綿状脳症の病原体に感染したからだといってよいのではないだろうか?

もっとも強力な根拠は一九九七年十月、イギリスの研究者たちによって示された。新型クロイツフェルト・ヤコブ病をマウスにうつしてみたのである。その結果を大まかにのべると、この病原体のふるまいは牛海綿状脳症の病原体とよく似ており、ほかの型のクロイツフェルト・ヤコブ病の病原体とは異なっていた。たとえば、散発性や医原性のクロイツフェルト・ヤコブ病は種の壁のためにマウスにはほとんどうつせなかったが、新型の場合は牛海綿状脳症と同様に比較的簡単にうつすことができた。また、プリオン遺伝子が人間のものと置き換わっているマウスの系統をつくり、それにクロイツフェルト・ヤコブ病をうつしてみると、この系統ではマウスと人間のあいだの種の壁が壊れているので、散発性や医原性のクロイツフェルト・ヤコブ病は比較的容易にうつせるようになったが、新型クロイツフェルト・ヤコブ病と牛海綿状脳症は逆にうつしにくくなったのである。ついでにのべておくと、一九九三年から一九九五年にかけて三人の酪農家に現れたクロイツフェルト・ヤコブ病は、すべて従来の散発性のもので、新型とは異なっていたから、牛海綿状脳症の流行とは無関係と考えてよいだろう。

このように牛海綿状脳症と新型クロイツフェルト・ヤコブ病の病原体はたいへんよく似ている。これにほかの疫学的根拠を考えあわせると、新型クロイツフェルト・ヤコブ病の原因は牛海綿状脳症にある、正確にいえば感染牛由来の肉そのほかの食品を食べたことにあると結論せざるをえなかった。それではこの病気が今後イギリスやほかの国々で、どれだけ発生するかを予想することはできるだろうか？

一九九六年の夏、疫学者のロイ・アンダーソンをはじめとする大勢のイギリスの研究者たちは、牛海綿状脳症の今後の展開を論じた文章をつぎのように締めくくった。

ここにのべた十二の症例を皮切りに、新型クロイツフェルト・ヤコブ病がはやりだすかどうかはわからない。おそらく数年たってもわからないだろう(6)。

わからないという状況は、患者の数が百人近く（フランス人が三人、アイルランド人が一人いるほかはすべてイギリス人）に増えた今でもほとんど変わらない。二〇〇〇年八月にロイ・アンダーソンらによって発表されたイギリスの症例総数の予想値は、なんと百から十三万六千までのひらきがあった。これらの数値は、牛海綿状脳症の伝播と一九九五年以降の新型クロイツフェルト・ヤコブ病の症例数をもとに、いくつかの相対的要素、とくに人間の海綿状脳症の潜伏期間を加味してはじき出されたものである。症例の総数を十万以上と見積もったもっとも悲観的な予想は、どれも平均潜伏期間を六十年以上と想定していた。人間の海綿状脳症の先例をみるかぎり、新型クロイツフェルト・ヤコブ病がそこまで長い潜伏期間をもつとは思えない。たとえばクールーでは、潜伏期間が四十年以上におよんだ例もあったとはいえ、平均すれば十二年にすぎなかった。もし新型クロイツフェルト・ヤコブ病の平均潜伏期間を二十年未満と仮定すれば、アンダーソンの予想でも、犠牲者の数は数百人から数千人の範囲におさまるはずである。ただ、今の場合はクールーと異なり、病原体が別の種からきたということを忘れてはならないし、過去の動物実験によれば、種の壁をこえるときは常に潜伏期間が長くなる、ときには三、四倍かそれ以上になるということも考慮しなければならない。したがって六十年の潜伏期間を想定したアンダーソンらの予想もまるっきり見当はずれとはいえないのである。ともかく、この悲劇の将来的な規模をいかに知りたくても、これらの予想値を云々するときは、それが多くの因子に依存していることをふまえて慎重に判断しなければならない。

新型クロイツフェルト・ヤコブ病では、患者の若さがよく話題になる。あらゆる年齢層の人が一九八五年ないし一九九〇年頃から、つまり十年ないし十五年前から同じように危険にさらされていたはずなのだから、単純に考えれば、どの年齢層の人も同じように新型クロイツフェルト・ヤコブ病にかかるはずだ。ところがほとんどの患者は十五歳から四十五歳までで、三分の二は三十五歳にも満たない。これはおそらく若い人のほうが大きい危険にさらされていたか、より感染しやすいためだろう。あるいはその両方かもしれない。若い人のほうが大きい危険にさらされていた例としてひとつ考えられるのは、乳児用の加工食品、いわゆる「ベビーフード」である。じっさいベビーフードのなかには牛の脳からとった原料が使われていたものもあったという。犠牲者のなかに何人かきわめて若い人がいたことはこれで説明できるだろう。若い人のほうが感染しやすいということについては、羊のスクレイピーで観察されたことが思い出される。若い羊のほうがスクレイピーに感染しやすいことは一七七二年にコマーも気づいていたし、一九八二年にハドローのチームも確認していた。牛海綿状脳症も若い子牛のほうが感染しやすいようだが、若いほうが病気に感受性が高いからなのか、それとも食べ物に含まれる肉骨粉の割合が多かったのか、どちらのせいかはわからない。

牛海綿状脳症が人間にうつりうることがはっきりした以上、何より大切なのは感染牛を原料とする食品を食べないことである。残念ながら、政府の対策だけでは百パーセント安心とまではいいきれない。感染牛の出た群れをすべて殺して廃棄しても、別の群れにいる潜伏期の牛が人間の食品に使われるかもしれないからである。肉骨粉の使用が禁止されたおかげでそのような牛はしだいに少なくなっているはずだが、それでも完全になくなってはいない。簡単なテストで潜伏期の牛を見分けられるのが一番だが、どの海綿状脳症であれ、感染動物が生きているうちに診断が下せる信頼度の高いテストは今のところは存在しない。確実な診断が下せるのは死んだ動物の脳を調べるテストだけだ。そのなかでもっともよく使われているのは、タンパク質分解酵素に抵抗するプリオンタンパク質を探すテストである。動物がすでに発病しているときや、臨床症状が出る直前のいわゆる「前臨床」段階にあるときは、これによって異常プリオンタンパク質を検出することができる。しかし潜伏期のもっと早い段階にあるときは、すでに感染力をもっている場合でも検出することはできない。現在、研究者たちが力を合わせておこなっているテストの精度を高めるための努力が、近いうちに実を結び、この難点が克服されることを期待しよう。

23
牛から羊へ？　人間から人間へ？

牛からつくった食品への不安だけではたりないとでもいうように、一部では牛以外の動物（とくに羊）からつくった食品への不安もささやかれはじめた。たしかに、汚染の可能性のある肉骨粉で育てられたのは牛だけではなかった。羊も、豚も、鶏も、いや魚までもが肉骨粉を食べていた。その肉や内臓を食べることに危険はないのだろうか？　ましてそのなかには、牛への使用が禁じられたあともしばらく肉骨粉を与えられていた動物もある。とくに羊は危険が大きく、学問的にも興味深いので、まずこの場合から考えてみよう。

最近まで認められていた説によると、牛海綿状脳症は羊のスクレイピーが肉骨粉「経由」で牛にうつったものである。それなら、逆に、牛海綿状脳症にかかった牛からつくった肉骨粉を食べて羊が感染するのは、いわば「差し戻し」にすぎないといえるだろう。その結果、羊はスクレイピーにかかるだけであり、周知のとおり、スクレイピーは人間にはうつらない。それなら羊が牛海綿状脳症の病原体に汚染されることをなぜそれほど心配するのだろうか？　それは、牛海綿状脳症の病原体の性質が、今まで特徴づけられてきたスクレイピーのさまざまな病原体株と非常に異なっているからである。

牛海綿状脳症の病原体とスクレイピー株との違いは、とくに、さまざまな系統のマウスに感染させたときの効果の違いとなってあらわれる。潜伏期間が異なり、脳のなかでとくに損傷の激しい部分が異なるのだ。牛海綿状脳症の病原体とスクレイピーの病原体株のこの違いについてはさまざまな原因が考えられている。ある人々は、スクレイピーの病原体が、肉骨粉をつくるときの処理によって変化を起こしたせいではないかという。またある人々は、病原体株の特殊なものが、たとえば肉骨粉製造過程の処理に抵抗性であるとか、牛を経口感染させることができるといった能力のために、自然選択されたのではないかという。もちろんこれらの考えは羊のスクレイピーが牛にうつったことを前提としているのであって、もし反対に牛海綿状脳症の病原体が羊からではなく、散発性の牛海綿状脳症にかかった牛からきたのだとすれば、つまりもともと牛の病原体だったとすれば、話はまったく違ってくる。そもそも、もし牛海綿状脳症の起源が羊にあったのだとしたら、羊も肉骨粉を食べていたのだから、牛に牛海綿状脳症がはやったときに羊にスクレイピーがはやってもよかったはずである。羊のほうが種の壁がない分だけよけいにはやりそうなものではないか。ところが一九八〇年代に羊のスクレイピーは流行していない。とすれば、牛海綿状脳症の病原体は、長いあいだ考えられていたように羊からきたのではなく、牛からきたのではないだろうか?

ともあれ一番の気がかりは、牛海綿状脳症の病原体が牛以外の動物（羊も含む）にうつされたあとも性質を変えないということだった。理論的見地からすると、この安定性は悩みの種である。異種間伝達にかんする従来の実験結果と食い違っているからだ。たとえばスクレイピーの病原体を山羊からとってマウスにうつしたとき、得られた病原体はもとの病原体とは異なっていたことを思い出していただきたい。公衆衛生の観点からいうと、この安定性は心配の種である。牛海綿状脳症の病原体に感染した動物（それは羊かもしれない）を食べることによって、人間にこの病気がうつる可能性を考えなければならないからだ。牛海綿状脳症が牛に流行したあと、羊のスクレイピーの罹患率が目立って増えなかったのは幸いだった。このことから、仮に牛海綿状脳症の病原体に汚染された羊がいたとしても、その数はきわめて少なかったと結論できる。しかしこの問題からは目を離さないほうがよいだろう。牛海綿状脳症はどうやら牛から牛へはうつっていないようだが、もし羊にうつりでもしたら、スクレイピーのように群れのなかで広がり、病気が根づいてしまう恐れがあるからだ。こうした見地からフランス政府は一九九六年、用心のため、スクレイピーにかかった羊の肉を売買することを禁止した。

つぎに、人間がよく食べるほかの動物（豚、鶏、魚）について考えてみよう。これらの動物はあまり長生きしないので、仮にその体内で牛海綿状脳症の病原体が増えるとしても（ありそうな話ではないが）めざましい増え方はできそうにない。たとえば牛海綿状脳症を豚にうつすことはできたが、たいへんな困難をともなった。経口感染はすべて失敗し、成功したのは病原体を大量に脳内注射したときだけで、それも最初の症状があらわれたときには接種から一年以上もたっていた。この結果をみるかぎり、豚が牛海綿状脳症の病原体を含む肉骨粉を食べて汚染される可能性はきわめて低いと思われる。しかも、食用豚は生後六ヵ月以内に肉屋に送られるので、とても病原体が大量に増えているひまはない。

鶏にもいろいろな方法で牛海綿状脳症の感染実験が試みられたが、すべて失敗におわった。魚はといえば、牛との種間距離が遠いので牛海綿状脳症の病原体が劇的に増えるとは思えない。この場合、種の壁は本当に乗り越えられないと考えてよいだろう。それでもフランス政府は一九九六年、やはり用心のために、反芻動物以外の動物に食べさせるためであっても、肉骨粉をつくるときは、人間用の食肉動物からでた屑肉でなければ使ってはならないことに決定した。さらに二〇〇〇年には、少なくとも当面は肉骨粉を全面的に禁止することにしたが、これは肉骨粉が豚や鶏や魚を汚染するのを避けるためではなく、うっかり、またはこっそり反芻動物にあたえられるのを防ぐためである。

さて二〇〇〇年九月、『ランセット』に掲載されたある論文が、新型クロイツフェルト・ヤコブ病にかんして新たな問題を提起した。この病気は輸血によって感染しうるだろうか？ これは重要な問題だった。というのは、感染しうる場合、もしこの病気の潜伏期にある人が大勢いれば、汚染された血液のためにまたしても悲劇の起こる可能性があるからだ。

海綿状脳症の大家ポール・ブラウンによれば、その頃までに得られていた知識はつぎのように要約できた。

■スクレイピーやクロイツフェルト・ヤコブ病の病原体に実験感染した動物の場合、その血液、とくに白血球は、脳内注射や腹腔内注射によって同じ種の動物に注入されると感染力をあらわす。

■牛海綿状脳症にかかった牛を含め、自然感染した動物の場合、その血液でほかの動物を感染させる実験はすべて失敗した。

■疫学データをみるかぎり、血液製剤の投与や輸血によってクロイツフェルト・ヤコブ病がうつったと思われる症例はひとつもない。また血友病患者のように、くりかえし血液製剤の投与を受けている患者のなかにも、クロイツフェルト・ヤコブ病にかかった人はいない。

これをみると、血液の感染力は脳症の感染実験というきわめて人工的な状況でしか現れないようだから、安心してもよいように思われる。しかしこれらのデータは新型クロイツフェルト・ヤコブ病の情報をひとつも含んでいないし、新型クロイツフェルト・ヤコブ病は多くの点で従来型とは異なる特徴をもっているのである。二〇〇〇年九月の論文には、人間の身代わりとして羊をもちいた牛海綿状脳症の感染実験の途中経過が報告されていた。まず、人間が食べ物を通じて新型クロイツフェルト・ヤコブ病に感染した状況を模して、十九頭の羊に牛海綿状脳症の病原体が入った食べ物があたえられた。それから推定潜伏期間をいくつかに区切り、区切り目がくるたびにこれらの羊から、牛海綿状脳症にもスクレイピーにもかかっていないほかの羊に輸血がおこなわれた。論文が書かれた頃には、そのうちひとつの輸血によって病気がうつっていたようだった。供血者の羊は経口接種から三一八日後に輸血のために採血されていた。この羊が発病したのは経口接種から六一九日後と推定されたから、輸血がおこなわれたのは潜伏期のちょうど半分頃だったということになる。一方、受血者に最初の脳症症状があらわれたのは輸血を受けてから六一〇日後であった。この結果をみるかぎり（もちろんほかにいくつも同じような結果が出なければならないが）、牛海綿状脳症の潜伏期にある動物の血液には感染力がありそうだ。これを敷衍（ふえん）すれば、新型クロイツフェルト・ヤコブ病の潜伏期にある人の血液もやはり感染力があるということになるだろう。

この評価の難しいリスクを前に、新型クロイツフェルト・ヤコブ病の感染国と非感染国とでは、それぞれどのような予防策をとることができただろうか？　フランスでは、脳下垂体由来成長ホルモンを投与された人は、クロイツフェルト・ヤコブ病にかかる危険性が高いので、以前から血液を提供できないことになっていた。だが、新型クロイツフェルト・ヤコブ病の場合、潜伏期にあるかもしれない人に対して同じ措置をとることは不可能である。だれが潜伏期にあるのかわからないからだ。これに対して非感染国では、感染国で採られた血液を拒否することができたし、じっさいそうした国もあった。だがフランスでは、自国の血液をまったく使わないと公衆衛生上重大な影響が出ることは必至だったので、次善の策がとられた。すなわち、輸血を受けたことのある人は血液を提供してはならないことになったのである。こうすれば、すでに経口感染している人からの輸血を防ぐことはできないにしても、輸血を受けた人が新たな感染源となる心配はない。したがって、事実上きわめて低いと考えられるリスクに対し、打つべき手はすべて打ってあると考えてよいのではないかと思われる。

新型クロイツフェルト・ヤコブ病の潜伏期にある人からの感染という問題では、血液以外の組織も感染源になる可能性がある。じっさい、新型クロイツフェルト・ヤコブ病の病原体は、典型的なクロイツフェルト・ヤコブ病のそれとは異なり、おそらく生体への侵入経路の関係で、リンパ組織にもかなり広く分布しているらしい。このことを考えると、すでに神経外科でおこなわれているように、外科用器具の殺菌法を変える必要があるだろう。

もうひとつ、人から人へうつる危険性にかんしてよくいわれるのは母子感染の問題である。新型クロイツフェルト・ヤコブ病の場合、この種の感染にかんするデータは今のところ存在しない。しかしクールーのデータをみるかぎり、さほど心配する必要はないようだ。食人が廃止されたあとに生まれた子どもは、（そのうち約百人はクールーの母親から生まれたにもかかわらず）一人もクールーにかかっていないからである。それなら新型クロイツフェルト・ヤコブ病についても、母子感染は存在しないか、きわめてまれにしか起こらないと思ってよいのではないだろうか？

狂牛病パニックのさまざまな結果と、その推定原因（肉骨粉の製法の変化）を思うとき、これがイギリスで発生したことには驚きを禁じえない。どの国よりも早くスクレイピーにみまわれ、どの国よりも深くスクレイピーを研究してきた国である。イギリスの獣医学研究者たちがどれほど貢献したかわからない。海綿状脳症の経口感染に気をつけなければならない国があるとしたら、それはイギリスだった。もっともある獣医学研究者が、肉骨粉の製法を変えることに異議を唱えてはいたらしい。ただその意見はだれにも聞かれずに終わってしまったのである……。

24 変装の秘密

〝敵〟の追跡がはじまってもうすぐ三世紀になろうとしている。これほど長く追っ手から逃れることができたのは、あきれるほど楽々と姿を変えられるあの能力のせいだといってよい。〝敵〟がもっている変装用の衣装は数限りないように思われる。その秘密は何なのか？　プリオン説でそれを説明することはできるのだろうか？

考えてみれば、姿を変える能力ははじめから私たちの目の前で発揮されていた。そのためにスクレイピーがなかなかひとつの病気と認識されず、いくつもの名前でよばれていたのである。人間の海綿状脳症がさまざまな形をとりうることにもそれは表れていた。狭義のクロイツフェルト・ヤコブ病、クールー、医原性クロイツフェルト・ヤコブ病、新型クロイツフェルト・ヤコブ病、ゲルストマン・シュトロイスラー症候群、そして致死性家族性不眠症。また、先にのべたように、羊のスクレイピーをマウスの系統にうつして得られる病原体株にも多くの種類があった。ここではこの病原体株について簡単にふれておきたい。というのは、これをテーマに半世紀も前からおこなわれてきたアラン・ディキンソン、リチャード・キンバリン、モイラ・ブルースといった獣医学研究者たちによる息の長い研究のおかげで、プリオンの変現性がもっともよく調べられ、ある意味で「分類整理」されてきたからである。羊からとったスクレイピーの病原体をある系統のマウスに接種して感染させ、そこからとった病原体を同じ系統のマウスにうつし、それをまた同じ系統のマウスにうつすという作業を何回かくりかえすことによって一つの病原体株がえられる。彼らはこれを何頭もの羊、複数のマウス系統でおこない、異なる特徴をもつスクレイピーの病原体株を二十種類ほど分別した。これらプリオン株のおもな違いは、四つのマウス系統における潜伏期間の長さと、感染動物の脳に引き起こされた病変の部位の違いにある。株はそれぞれ安定しており、同じ系統のマウスでつぎつぎにうつしていっても性質はほとんど変わらない。この安定性は驚くほどで、潜伏期間を例にとると、一定量のプリオン株を脳内注射で接種したときの潜伏期間は、どの株をどの系統のマウスに接種したかがわかっていれば三、四日の誤差でいい当てることができる。ところが、異なる株どうしの潜伏期間の差は、少なくとも五十日、多い場合は六百日におよぶのである。

このように一つの種のなかで何通りもの異なる現れ方をすることに加え、病原体が種の壁を越えて別の種にうつるときにも変化が起こる。このとき病原体は新しい性質を獲得し、新しい宿主に順化して、その種の別の個体に効率よくうつっていくのである。このようにはっきりと性質が異なる株に分化できる病原体の能力は、いったいどこからくるのだろうか？

もし、これが細菌やウイルスといった典型的な病原体なら、問題はないはずである。細菌やウイルスの性質はそれらがもっている遺伝子によって決まるので、遺伝子に変異が起これば、つまり核酸の塩基配列がなにかの拍子に変化すれば、病原体の性質は変わりうる。こうして典型的な病原体の場合、たとえば元の株より早く成長する変異株が急速に優位にたつことによって、新しい宿主への順化がおこなわれる。ところが伝達性亜急性海綿状脳症の病原体は、プリオン説によれば核酸をもっていない。それはタンパク質であり、「正常型」と「異常型（感染性）」の二通りの形で存在する。そのたったひとつの異常型タンパク質から生じる病気が、なぜあれほど異なった現れ方をするのだろうか？　多くの者は、病原体のこの変現性は、何らかの遺伝物質——これまであらゆる分析を逃れてきたが、変異の対象となりうる核酸——がなければ説明できないと考えた。しかしプリオン説の支持者たちは核酸の存在を仮定しない別の説明を考えだした。それは少し複雑だが、説得力のある実験結果にもとづいている。

この説明は一九九五年から二〇〇〇年にかけて生まれてきた。それによると伝達性亜急性海綿状脳症の病原体の変現性は、遺伝的因子と非遺伝的因子の二つによって説明できるという。

遺伝的因子というのはプリオンタンパク質におけるアミノ酸の配列である。この配列が変化するとさまざまな結果が生じうる。たとえばプリオン遺伝子の変異が原因で起こる遺伝性クロイツフェルト・ヤコブ病の場合、変異のある人はそうでない人にくらべて高い割合で自然に発病し、その症状は変異の内容によって異なってくる。また、これも人間の例でいうと、プリオンタンパク質の一二九番目のアミノ酸は、すでにわかっているように病原のプリオンに対する感受性に影響をあたえるだけでなく、最近の研究によれば神経系の病変の性状にも影響するという。マウスにおいては、まえにのべたように、プリオン遺伝子の変異は潜伏期間の長さと脳の病変の部位に関係している。羊の場合も、プリオン遺伝子の塩基配列によってスクレイピーの潜伏期間と感染への感受性が決まってくる。これらすべての場合において、プリオン遺伝子の塩基配列の違いに起因するプリオンタンパク質のアミノ酸配列の違いが、タンパク質の形の違いをつくりだし、ひいては病気の現れ方の違いを生みだしていることは容易にみてとれるだろう。

この遺伝的因子による変現性の説明は分子生物学のセントラル・ドグマに忠実だが、もうひとつの非遺伝的因子による説明はかなり異端の匂いがする。それによると、ひとつの決まったアミノ酸配列をもつプリオンタンパク質がとりうる感染症の立体構造はひとつではなくいくつもありうる、しかもそれらの形をとった感染性のプリオンタンパク質はすべて「死の接吻」によって、正常プリオンタンパク質を自分と同じ構造に変えることができるというのである。そのような考えは長いあいだ大部分の生物学者にとって荒唐無稽以外の何ものでもなかった。分子生物学では最初から、タンパク質の立体構造はアミノ酸の配列によって完全に決定されるといわれていたからである。タンパク質の立体構造はあらかじめ決まっており、たとえば酵素反応が活性化または抑制されるときのように、外部因子の作用でほんの少しだけ変わることができるにすぎない。それなのに、プリオンタンパク質だけがどうして何通りもの形で存在できようか？　しかも、それらすべてが安定していて、神経系に性状の異なる病変を引き起こすなど、そんなばかげたことがありえようか？　ところがこの奇想天外な考えが、実験結果から支持されたのである。

最初にその実験をおこなったのは、羊のスクレイピーや牛海綿状脳症や人間の海綿状脳症を研究していた大きな研究室ではなく、餌経由でミンクにうつったスクレイピーを一九六〇年代から調べていたウィスコンシンの研究室だった。この研究室が二つの病原体株を調べて得た結果は、その後、羊や牛や人間の伝達性亜急性海綿状脳症の病原体についてもいえることが確かめられた。大まかにいうとそれらの研究は、同じ病原体がたしかに何通りかの立体構造をもちうることを、生化学的な方法で証明したものである。[1] プルシナーのチームは、ハムスターに順化したスクレイピーの株を調べて、八通りもの異なる立体構造を分別した。したがって異常プリオンタンパク質はいくつもの異なる形で存在し、ある意味でそれらを見ることもできるのだ。しかも、どの形の異常プリオンタンパク質も、正常プリオンタンパク質を自分と同じ形に変えることができるようだった。

この最後にのべたことは、試験管のなかで「死の接吻」をつくりだそうという試みのなかで示された。正常プリオンタンパク質に異常プリオンタンパク質を混ぜれば、プリオン説の予想どおり、正常プリオンタンパク質はタンパク質分解酵素に抵抗性となり、感染力をもつようになるのではないだろうか？このことを証明しようとした研究者たちの努力は長いあいだ実らなかったが、あるとき彼らはつぎのようなことを思いついた。正常プリオンタンパク質を適当な化学薬品で処理して少しばかり「ほどいて」から異常プリオンタンパク質を加えてみたらどうだろう？　実行してみると、少しほどけた正常プリオンタンパク質は異常プリオンタンパク質といっしょになると「丸まり直って」タンパク質分解酵素抵抗性の形になった。しかも、加える異常プリオンタンパク質の形をいろいろに変えてみると、正常プリオンタンパク質は加えられた異常プリオンタンパク質の形に「丸まり直った」のである。この実験結果からすると、プリオン説のいうとおり、異常プリオンタンパク質は正常プリオンタンパク質を自分と同じ形に変えることができるようだ。ただ残念なことに、この実験の条件では、タンパク質分解酵素抵抗性となったプリオンタンパク質が感染力をもっているかどうかまでは知ることができなかった。(2)

ともかくこうしてプリオンの変現性の原因は、ひとつにはそれを構成するアミノ酸の配列にあり（遺伝的因子）、もうひとつには「死の接吻」のときに伝えられる立体構造にある（非遺伝的因子）ということがわかった。そこである研究チームは、これをかつて十六通りもの名でよばれた散発性クロイツフェルト・ヤコブ病で検証し、その多様な臨床像を、一方ではプリオンタンパク質の一二九番目のアミノ酸と、もう一方では生化学的手法で分別されたプリオンタンパク質の立体構造と関係づけようとした。十九の症例を調べてみると、たしかにそれらは臨床症状からも、遺伝的および非遺伝的基準からも、四つのグループに分類されることがわかった。したがって散発性クロイツフェルト・ヤコブ病の多様性の原因として、たしかにプリオンタンパク質がとりうる立体構造の違いをあげることができるようである。

プリオンでもうひとつ気になるのは、種の壁をなしているのは何か、そしてそれを乗り越えるときプリオンはどのようにして性質を変えるのかという問題である。現在多数派をしめている考えによれば、種の壁が存在するのは、プリオンタンパク質に、同じアミノ酸配列をもつものどうし、つまり同じ種のタンパク質どうしで集まろうとする性質があるからだという。なぜそんな性質があるのだろうか？　この問いに答えようとすると、けっきょくはプリオン理論の鍵となる、だがなぜか今日まであまり注目されてこなかった問題にたどりつく。すなわち、何が「死の接吻」を引き起こすのか？　なぜ異常プリオンタンパク質は正常プリオンタンパク質と結合してそれを異常型に変えるのだろうか？　二つのタンパク質が結合するためには、それらの表面に「接着状態」を保つための相補的な領域がなければならない。生化学の言葉でいえば、二つのタンパク質はたがいに親和性をもたなければならないということだ。任意のタンパク質を二つもってきても、そういう状況はふつうは生じない。「死の接吻」が生じるには、正常プリオンタンパク質と異常プリオンタンパク質が相補的な領域で結合しなければならない。そして、そういう領域はたまたまそこにあるわけではない。それらはなぜそこにあるのだろうか？　二つの仮説が考えられた。

一つめの仮説によれば、プリオンタンパク質は通常、二量体または少量体（オリゴマー）(3)として存在する。二量体や少量体は同じ分子が結合してつくられるから、そのような結合に適した相補的な領域がプリオンの表面にあるのだという。この考えによれば、二量体または少量体をつくるとき、正常プリオンタンパク質の分子のかわりに異常プリオンタンパク質の分子が結合してしまう、それが死の接吻だということになる。正常プリオンタンパク質と異常プリオンタンパク質のアミノ酸配列が異なるとき、とくに異常プリオンタンパク質が別の種からきているときは、この結合はより難しいかもしれないが、不可能ではないだろう。相補的といっても、かならずしも厳密に補いあう必要はないかもしれないからだ。この仮説では、正常プリオンタンパク質は二量体または少量体ということになっているが、どちらなのかをはっきりさせることが必要だろう。

二つめの仮説によれば、正常プリオンタンパク質は単量体として存在する。そして、異常プリオンタンパク質と結合できる領域はふだんはタンパク質の内部にあって、立体構造の維持にかかわっている。[4]その領域はふだんは隠れているが、タンパク質が一時的に一部「ほどける」と表に出てきて、やはり一時的に表に出た異常プリオンタンパク質の相補的な領域と結合するのだという。この結合もやはり、二つのタンパク質が同じ種からきているより、異なる種からきているときのほうが難しいはずである。正常プリオンタンパク質分子一個と異常プリオンタンパク質分子一個のあいだに起こるこの「自然に反する」結合によって、いつもは分子内に隠れているいくつかの反応性の領域が表にさらされ、そこにほかの正常プリオンタンパク質分子が結合して重合がはじまるのだろう。そしてこの重合にともなって、異常プリオンタンパク質の特性であるタンパク質分解酵素への抵抗性が現れるのだろうと思われる。

どちらの仮説においても、「死の接吻」を可能にしているのは、正常プリオンタンパク質にあらかじめ存在する相互作用の領域——前者のばあいは正常プリオンタンパク質の表面、後者では内部——であることがわかる。

以上のような話をきけばなるほどと思うが、これらはすべてひとつのタンパク質がさまざまな株に応じていくつもの安定した形をとりうるという、今まで聞いたこともないような常識破りの考えにもとづいていることを忘れてはならない。だからこそ今でも多くの人が懐疑的で、プリオンタンパク質が複数の立体構造をとりうることはみとめても、「何か」——おそらく核酸——が介入してそれらの構造を変化させているに違いないと思っているのだ。それはプリオン説が正しいことを示す決定的な証拠がまだ得られていないからである。

それではどうすればそのような証拠が得られるだろうか？　理想的な実験としてはつぎのようなものが考えられる。まず細菌か酵母にプリオン遺伝子を導入し、それをもとにして遺伝子工学で正常プリオンタンパク質をつくる。アミノ酸から化学的な方法で合成できればもっとよい。それからこの正常プリオンタンパク質に、できるだけ純度の高い異常プリオンタンパク質を少しだけ混ぜる。これで正常プリオンタンパク質が異常プリオンタンパク質に変わることを示したいので、少し混ぜただけで混合物の感染力が目に見えて上がるような条件を見つけなければならない。そのような条件がみつかって試験管のなかで異常プリオンタンパク質が合成されたら、今度はそこから少量とって、まえと同じ方法でつくった正常プリオンタンパク質溶液に加え、それが感染性になったことを確かめる。そうしたらまたそこから少量とって……というふうにして、混合液のなかに最初の異常プリオンタンパク質が残らなくなるまで同じ手続きをくりかえす。このようにプリオンをいわば「継代培養」していけば、かつてパスツールが、炭疽菌がたしかに炭疽の原因であることを証明したのと同じやり方で、プリオンがたしかに伝達性亜急性海綿状脳症の病原であることを決定的に証拠づけたことになるだろう。しかし今のところは残念ながらだれも、試験管のなかで感染性のプリオンが現れたということを証明できていない。

このようにプリオン説の正当性について、まだ疑問点は残っているが、仮にそれが確立されたとしよう。そうなれば、ただちに追跡は終わった、〝敵〟の正体は暴かれたといってよいだろうか？　いや、たしかに進歩はめざましかったが、わからないことはまだたくさんある。それに〝敵〟を知っただけではそれを打ち負かしたことにはならない。犠牲者は増えつづけている。イギリスでも、フランスでも、ほかの国々でも、人々はみな不安におののいている。十五年から二十年前に成長ホルモンを投与された若者ばかりではない。牛海綿状脳症の流行以来、だれもがクロイツフェルト・ヤコブ病の犠牲者はどのくらい出るのだろうかと自問し、わが身に被害がおよぶのを恐れているのである。

25
〝敵〟

さて、〝敵〟の正体はあるタンパク質の分子であり、そのタンパク質は〝敵〟の攻撃を受けたすべての動物種にほぼ共通しているという。この考えを現代生物学の言葉であらわして、〝敵〟のさまざまな特性を説明することはできるだろうか？　できる、といいたいがそのまえに、答えなければならない問題がまだたくさん残っている。

最初は、まえにもふれたが、プリオンタンパク質がいったいどのような構造変化によって感染性になるのかという問題である。正常プリオンタンパク質の立体構造は解明されているが、異常プリオンタンパク質の複数あるといわれている構造はわかっていない。不溶性のため構造が調べにくいのだ。それに「死の接吻」のメカニズムも解明しなければならない。そもそもこの「接吻」は、正常プリオンタンパク質の単量体と異常プリオンタンパク質の単量体のあいだで起こるのだろうか、それとも二量体と二量体のあいだで起こるのだろうか？　あるいは結晶ができるときのように、正常プリオンタンパク質の単量体か二量体と、異常プリオンタンパク質の重合体のあいだで起こって、小繊維の核を形成するのだろうか？

つぎは、この「接吻」が起こる場所は正確にいうとどこか、という問題である。感染細胞の培養実験により、将来感染性に変わるプリオンタンパク質は、まず細胞内で正常プリオンタンパク質として合成されて細胞表面に送りだされ、ふたたび細胞内にとりこまれて異常プリオンタンパク質に変わることがわかっている（細胞内にとりこまれるのは、細胞膜の再生をともなう正常なプロセスである）。したがっておそらく正常プリオンタンパク質と異常プリオンタンパク質の結合は、細胞表面でおこなわれるのだろう。それが細胞内にとりこまれるとき、細胞膜も同時になかにはいってそれを包み込み「エンドソーム」とよばれる細胞内小胞になるが、異常プリオンタンパク質と結合した正常プリオンタンパク質はこの小胞のなかで形を変え、タンパク質分解酵素に抵抗性の異常プリオンタンパク質になるのだろうと思われる。そしてこの分解されにくい性質のおかげで、異常プリオンタンパク質は細胞のなかで長生きができ、蓄積されていくのだろう。だがこのシナリオは今のところほとんど机上の理論にすぎないので、事実による裏づけがぜひとも必要である。

それからこれは重大な問題だが、細胞（今の場合は神経細胞）が死に、しまいに伝達性亜急性海綿状脳症特有の空胞が現れるのは、本当に異常プリオンタンパク質が細胞内に蓄積された結果なのだろうか？　この問題はきわめて重要だが、満足のいく答えはまだ出ていない。たしかにタンパク質分解酵素に抵抗性のタンパク質が細胞内に蓄積されれば、細胞の機能はいちじるしく低下するであろうが、それがなぜ細胞の破壊につながるのかは必ずしも明らかではない。それに、タンパク質分解酵素に抵抗性のプリオンタンパク質がそれほどたまっていないのに細胞が死ぬ例も報告されている。したがって今後はプリオンがどのようにして細胞を殺すのかを解明しなければならない。

神経細胞がどのように破壊されるにせよ、臨床症状はどの神経細胞が攻撃されたかによって変わってくる。これは神経系疾患の一般法則で、小脳の神経細胞が壊れた場合は平衡障害が現れ、大脳皮質の神経細胞が壊れた場合はたとえば精神科の症状が現れる。一方、先に見たように、伝達性亜急性海綿状脳症の臨床的な多様性には、プリオンの侵入経路のほかに、遺伝的因子と非遺伝的因子の両方によって決まるプリオンの立体構造も関係しているという。ここから新しい問題が生ずる。すなわち、プリオンの構造に対して、それが壊そうとしている細胞はどのように決まるのか。この問題の答えも今のところ出ていない。

さきほどプリオンの侵入経路についてふれた。たとえば脳への直接注入は、動物実験で起こるし、人間でも汚染された器具で神経外科の手術をすれば起こりうるが、これによってプリオンは標的とする神経細胞のすぐそばに送り込まれる。しかし、成長ホルモンの投与による医原性の感染はこれには当たらないし、経口感染も——スクレイピーがなかなかなくならないのも、牛に牛海綿状脳症が流行したのも、それが人間にうつったのも、フォレ族でクールーがはやったのも、すべてこの経口感染のせいなのだが——やはりプリオンがはじめから神経細胞と隣りあっていたわけではない。それではプリオンはどのようにして中枢神経系に、脳に到達するのだろうか？

経口感染でこの問題を考えるとたちまち厄介な問題につきあたる。口から入ったタンパク質は、ふつうは消化管のタンパク質分解酵素によって分解されてしまうからだ。分解されてアミノ酸となり、それを食べた人間や動物に供給される。分解されなかったタンパク質は、原則としてほかの食べ物の滓とともに排泄される。消化されなかったタンパク質は腸壁を通らないといわれている。唯一の例外として知られているのは毒素である。毒素は細菌によってつくられ、分子がきわめて特殊な性質をもっているおかげで、ある種の腸管細胞の表面にある受容体を認識して細胞のなかに入りこむ。それではプリオンは毒素のようにふるまうのだろうか？　正確なことはわかっていないが、プリオンが腸壁を通りぬける効率は、毒素にくらべてかなり悪いだろうということは覚えておく必要がある。そのようなゆっくりとした非効率的な通りぬけが起こる原因は、おそらく腸壁表面の一部の細胞が膜に正常プリオンタンパク質をもっており、それが異常プリオンタンパク質と相互作用を起こしたためだろう。異常プリオンタンパク質はこの細胞のなかで増殖し、おそらくそれが破壊されてから正常プリオンタンパク質をもった別の細胞にうつり、また同じことがくりかえされる。といってもまだ仮説にすぎないが、もしこれが正しいとすると、このように腸から脳へのプリオンの旅を保証する細胞とはいったい何なのかという問題が生じてくる。

ひとつ確かなことは、体内に入ってきた最初のプリオンそれ自体が標的の神経細胞まで運ばれるのではないということである。それは道々「増殖」しなければならない。脳に到達するのはある意味で最初の分子の子孫たちなのだ。道々正常プリオンタンパク質が異常プリオンタンパク質に変わっていくのだから、増殖は正常プリオンタンパク質を合成する細胞を介しておこなわれる。それはどのような細胞だろうか？　多くのデータから判断すると、おそらく免疫系の細胞であろうと思われる。そういわれてみると、スクレイピーに自然感染した潜伏期の羊において、腸のつぎに感染度の高い器官がリンパ節だったことを思いだす方もおられよう。ほかの免疫系器官（とくに脾臓）も、やはり感染期間を通して重要なプリオンの貯蔵庫となっているようだ。けっきょく、腸壁の通りぬけを含むプリオンの旅はまず免疫系を介しておこなわれ、それから末梢神経系に引き継がれるのではないかと思われる。もちろん腸の内壁に位置する神経終末［訳注　神経線維の末端］からじかに伝わることもあるだろう。

プリオン説には、ごらんのように答えの出ていない問題がまだたくさんある。しかし大筋においては正しいと考えられるので、今日では大多数の専門家がこの説をみとめている。こうなると追跡は終わった、〝敵〟の正体は暴かれたといいたくなる。しかしこれで〝敵〟は打ち負かされたことになるのだろうか？

26

〝敵〟は打ち負かされたか？

二〇〇〇年十一月。フランスのテレビで一編の特別番組が放映された。題して《狂牛病、底知れぬ恐怖》。

ルイ十五世の時代から出没し、追跡がはじまってかれこれ三世紀になろうというこの〝敵〟が、今日、恐怖をまき散らしている。正体は暴かれたが、打ち負かされてはいない。若者の、母親たちの、痛々しい映像――話すこともできず、話しかけられてもわかったかどうかの合図さえできず、失禁にも気づかず、ただ確実におとずれる死を待っている彼らの映像に、人々は動転した。いかなる農産物も加工食品も信じられなくなった。一般の人々は将来子どもや自分自身がこのおそろしい病気にかかるのではないかと心配し、畜産業者と食品製造業者は廃業と破産の影におびえた。その政治的影響は大きかった。

今後、狂牛病パニックはどのように展開し、どのような波紋を広げるのだろうか？

イギリスやヨーロッパ各国で、家畜飼料としての肉骨粉の使用が禁止されたことを考えれば、牛海綿状脳症の流行はおそらく向こう三、四年で終わりを告げると期待してよいだろう。もちろん牛から牛へうつる可能性もないとはいえず、その場合は病気の根絶が少し遅れてしまうかもしれない。しかし、イギリスにおけるこれまでの経過を見るかぎり、牛から牛への感染は、起こったとしても効率はきわめて悪そうである。

一方、牛海綿状脳症がすでに羊にうつってしまった可能性も、残念ながら否定はできない。もっとも、うつったとしても大規模でないことは確かである。しかし地理的範囲は限られていても、スクレイピーのように風土病化するおそれがあり、もしそうなったら厄介払いをするのはなかなか難しいだろう。現在イギリスで進行中の研究を見るかぎり、これまでのところは幸い、羊に牛海綿状脳症の病原体は見つかっていない。

牛や羊を原料とする製品が、すでに汚染源ではなくなったか、早急に汚染源でなくなるとすれば、新型クロイツフェルト・ヤコブ病の流行もやがて終わりを告げるはずである。いつ頃になるだろうか？それは先にみたように潜伏期間の長さによって異なる。たしかに患者数はイギリスが一番多いだろうが、フランスやほかの国々も、自国で牛海綿状脳症が発生したり、牛由来製品を（とくに一九八〇年代末から一九九〇年代初頭にかけて）イギリスから大量に輸入したりしている以上、ある程度の犠牲は覚悟しなければならない。アンダーソンらによるもっとも悲観的な予想によれば、向こう十年間でおよそ十三万人のイギリス人が病気にかかるだろうという。フランスでは三件の症例が知られているだけなので、予想はとても難しい。仮に、現在の症例とこれから起こる症例の大部分が、一九八〇年代末から一九九〇年代初頭にかけてイギリスから輸入された牛由来製品に起因するとしてみよう（その可能性はある）。これらの製品がイギリスの全牛由来製品のなかで占める割合は五パーセントなので、フランスで発生する症例もイギリスの症例数の約五パーセントと考えることができる、ということは、罹病者は多くて六、七千人という計算になる。だがこうした数字はたくさんの不確かな数字をもとにしているので、学問的根拠にとぼしい。

最後に、食べ物による「第一次」感染者が多ければ多いほど、輸血や外科手術を通じた「第二次」感染者も多くなる危険性がある。第二次感染者がどれだけ出るかを予想するのは難しいが、この危険性はあくまで理論上のものなので、もしかしたら現実には存在しないかもしれないことを承知しておくべきである。

さて、牛海綿状脳症の根絶を待つあいだ、プロローグにあげた疑問をくりかえすなら、私たちはどのように自分の身を守ればいいのか？　牛乳や乳製品は食べても問題はなさそうである。スクレイピーの病原体も、牛海綿状脳症の病原体も検出できなかったからだ。フランス産の牛肉は、今では食べてもほとんど危険はないと思われる。じっさいフランス食品衛生安全庁が最近おこなったテストによれば、食品市場に出まわっているなかで牛海綿状脳症の病原体をもっている可能性のある動物は、〇・二パーセントに満たないという[1]。それに、動物の筋肉には検出できるほどの病原体は含まれていない。一方、脳や脊髄など、いわゆる「特定危険部位」はもうしばらく用心しなければならないが、売買が禁じられているので食べたくても食べられないようになっている。

牛や羊などの家畜が牛海綿状脳症やスクレイピーにかからないようにすることはできるだろうか？　理論的には、プリオン遺伝子を除去されたマウスがスクレイピーにかからないことがわかったときから、ひとつの答えが示唆されていた。マウスと同じように、牛や羊からもプリオン遺伝子をとり除けばよいのではないか。これは理屈としては正しいが、本当にやるかというと、仮に可能だとしてもすぐに実行というわけにはいかないだろう。これらの動物からプリオン遺伝子をとり除いたとして、短期的、長期的に何が起こるかわからないからだ。もしかしたら予想もしなかったようなことが起こるかもしれず、消費者が新たな危険にさらされないとも限らない。牛や羊がマウスのようにプリオン遺伝子がなくても生きていけるかどうかさえわからない。それに、もしプリオン遺伝子の除去がこれらの動物に悪い影響をあたえないことがわかったとしても、遺伝形質の多様性を保てるほど多くの個体にこの除去手術をおこなうのは大変な仕事である。したがってこの方法は牛たちのあいだで牛海綿状脳症の流行を終わらせるのには適していない。第一、そんなことをしなくてもこの流行はかなり速いスピードで自然に消えていくだろう。だが逆に羊のあいだでは、運が悪ければ牛海綿状脳症が風土病化する可能性があると思っておくほうがよいかもしれない。

牛海綿状脳症の診断テストには何が期待できるだろうか？　現在おこなわれているテストはどれも、動物の脳のなかに、タンパク質分解酵素に抵抗性のプリオンタンパク質があるかどうかを調べるものだが、これは早急に精度を上げることが必要であろう。屠畜後の動物はすべてこのテストを受けることになっているが、病気の臨床段階にある動物だけでなく、潜伏期の動物も発見できるようになることが望ましい。だが、はたして感受性の測定だけで潜伏期初期にある動物——異常なプリオンのキャリアで、肉や内臓が汚染されている可能性のある動物——まで発見できるのだろうか？　難しい問題である。一方、畜産農家たちは当然、屠畜場に送るまえに自分の牛が感染しているかどうかを知りたい、つまり、動物が生きているうちにおこなえるテストが欲しいと思っているだろう。だがそのようなテストは今のところ存在しない。生きている動物を傷つけないで採取できる血液や尿などの液体には、見たところプリオンタンパク質がまったく、あるいはごくわずかしか含まれないからだ。これは人間においても同様で、脳の生検をおこなうのでなければ、唯一確実な診断はやはり死後の脳検査である。

少なくとも食肉用動物のあいだで牛海綿状脳症がはやっているかぎり、人間がこれに感染する危険性は完全にはなくならないというならば、せめてクロイツフェルト・ヤコブ病を予防したり、治療したりすることはできないものか？　この問題は新型クロイツフェルト・ヤコブ病だけでなくほかの型、つまり散発性、遺伝性、医原性のクロイツフェルト・ヤコブ病にも関係している。ワクチン接種による予防は考えにくい。仮にプリオンタンパク質に対する免疫反応を引き起こすことができたとしても、そのために自己免疫病が起こる恐れがあり、表面に正常プリオンタンパク質をもった細胞が免疫系によって破壊されてしまうかもしれないからである。感染者の体内で正常プリオンタンパク質が合成されるのを妨害するという方法はどうだろうか？　これについては、妨害の方法が明らかではないし、プリオンタンパク質の役割にかんする例の疑問もある。つまり、人間にとってこのタンパク質が本当になくてもよいものなのかどうかはわかっていないのである。したがって最善の方法は、正常プリオンタンパク質が異常プリオンタンパク質に変わるのを妨げることだろう。現在、研究はこの方向でおこなわれている。希望のもてる結果もいくつか出ているが、実用化への道のりはまだ遠い。

27 二〇〇一年

本書フランス語版の初版が印刷所にまわっていた二〇〇〇年の終わり頃、ヨーロッパでは狂牛病パニックが頂点に達していた。一年後、騒ぎはあいかわらず続いているが、ひと頃の激しさはなくなった。フランスでは、牛肉の消費は一部回復したものの、今度は羊の肉への不安が生まれてきた。一方、それまで感染を免れていた国々でも牛海綿状脳症の最初の症例がみつかり、以前のイギリスやフランスと同じようなパニックが起こっている。学術研究についていえば、多くの論文が発表され、興味深い結果も数多くでているが、それらが今後どのような意味をもつようになるのかはまだわからない。

伝達性亜急性海綿状脳症の診断

分野別に見ると、とくに豊富な結果は診断領域において得られた。通常おこなわれている診断テストでは、脳の切片や抽出物のなかにプリオンを検出する。検出には抗体が使われるが、それらは正常プリオンタンパク質と異常プリオンタンパク質のどちらにも反応するので、タンパク質分解酵素をもちいて両者を区別する。正常プリオンタンパク質はタンパク質分解酵素によって破壊されるが、異常プリオンタンパク質は破壊されない。このテストには大まかにいって二つの限界がある。ひとつは感度があまりよくないこと、もうひとつは死後でなければ調べられないことだ。そこで研究者たちは全力をあげてつぎの二点に取り組んできた。すなわち、潜伏期の動物や人間に含まれる微量のプリオンが検出が可能なもっと高感度のテストを開発すること、そして、できれば、生きている個体から採取が可能な体液中に検出できるようにすることである。

二〇〇〇年十二月末、チューリヒのアドリアノ・アグッチのチームは、プラスミノゲンという血液タンパク質が、マウスの正常プリオンタンパク質には付着せず、異常プリオンタンパク質だけに付着するという実験結果を発表した。(1) そのような特異的な付着の原因は明らかではないが、この観察はプラスミノゲンを特異的試薬とする新しい診断テストに道をひらくもので、成功すればプラスミノゲンが大量生産されることになるかもしれない。

もうひとつ有望な結果は二〇〇一年八月、イスラエルの研究チームによって発表された。その論文によると、伝達性亜急性海綿状脳症にかかった動物や人間の尿のなかに、ある型のプリオンタンパク質が検出されたという。(2) このプリオンタンパク質はタンパク質分解酵素抵抗性で、高速遠心分離で濃縮したあと通常のテストによって検出された。はたしてこの研究チームはついに聖杯を探しあてたのだろうか、つまり、採取が容易な体液のなかに、しかも臨床症状があらわれるまえに、プリオンを検出することができたのだろうか？　この結果はまだほかの研究室によって確認されていない。

診断領域で、実用的観点だけでなく理論的観点からも最も魅力的な結果は、二〇〇一年六月、ジュネーヴのセロノ実験室のクラウディオ・ソトらによって発表された。[3] その論文には、異常プリオンタンパク質の検出テストの感度を、十倍ないし百倍に上げる簡単な技術が説明されている。25章でのべたように、正常プリオンタンパク質に異常プリオンタンパク質を混ぜることによって、タンパク質分解酵素で破壊される正常プリオンタンパク質を破壊されにくいタイプに変えることができるが、その効率は悪く、変化を起こすためには大量の異常プリオンタンパク質を投入しなければならない。ソトのチームは、正常プリオンタンパク質のこの変化は結晶化の現象に似て、異常プリオンタンパク質がつくる長い繊維の先端と正常プリオンタンパク質が相互作用を起こした結果であるという仮定（17章参照）から出発した。その場合、正常プリオンタンパク質の変化とともに繊維はしだいに長くなるだろうから、先端の数はそれほど増えず、したがって変化の速さも頭打ちになることが予想される。このことからソトらは、先端の数を増やせば反応速度を上げることができるのではないかと考えた。そしてこれを実現するため、混合物を超音波にかけて繊維を細かく切断した。もう少し詳しくいえば、正常プリオンタンパク質と異常プリオンタンパク質を混ぜる期間、つまり異常プリオンタンパク質の繊維の先端と正常プリオンタンパク質を結合させて繊維を長くする期間と、超音波で処理して繊維を切り、先端の数を増やす期間を交互に置いたのである。このような方法で、タンパク質分解酵素に感受性を示す正常プリオンタンパク質が大量に含まれている脳の抽出物に、タンパク質分解酵素抵抗性の異常プリオンタンパク質を少量加える実験を何度かおこなったところ、一度はタンパク質分解酵素抵抗性のプリオンタンパク質の量が三十倍に増えるという結果がでた。

診断の見地からだけでも、この結果はきわめて有望である。これを利用すれば、異常プリオンタンパク質が微量でも検出できるようになるかもしれないからだ。理論的見地からいうとこの結果は、正常プリオンタンパク質が結晶化に似たプロセスをたどってタンパク質分解酵素抵抗性のプリオンタンパク質に変わるという考えに、強力な論拠をあたえたことになる。専門家たちは今、この試験管のなかでつくられたタンパク質分解酵素抵抗性のプリオンタンパク質が、感染性かどうかという問いに答えが出るのを待っている。実験は進められているが、結果はまだ出ていない。もしこれが感染性で、精製された異常プリオンタンパク質をもちいて何度でもこのような感染性のプリオンタンパク質をつくることが可能ならば、プリオン説は少々のことではびくともしない堅固な理論になったといえるだろう。

というわけで、診断学にとって二〇〇一年は将来に大きな望みがもてる年となった……。治療学と予防学についても状況はほぼ同じである。

治療と予防

プルシナーの研究室は数年前から、プリオン病の治療薬として使える分子を探すという試みをおこなっている。二〇〇一年八月、この研究室から有望な結果が発表された[4]。それによると彼らは、脳に到達できる、つまり血液・脳関門の障壁を越えられる分子にしぼって探索をおこなっていたが、そのなかでもマラリアの治療薬、とくにキナクリンに、培養感染細胞のプリオンの量を急激に減らす働きがあることがわかったという。現在の私たちの知識では、なぜキナクリンにこのような働きがあるのかを説明することはできないが、クロイツフェルト・ヤコブ病の患者に対してさっそくこの薬の投与が試みられた。希望がふくらんだのは、投与の対象となった新型クロイツフェルト・ヤコブ病のイギリス人女性患者が、開始時にくらべ、病状が大幅に改善したと報道されたときである。だがその希望は、十二月のはじめ、この女性が亡くなったという知らせにみるみるしぼんでしまった。おそらく希望を抱くのが早すぎたのだろうが、失望するのもまた早すぎたのではないだろうか？　もしかしたら病気がそこまで進んでいない患者でこれらの分子の効果を研究したほうがいいのかもしれない。

さて、治療や予防を考えるとき、すぐに頭に浮かぶのは免疫反応と抗体である。免疫反応と抗体を利用して治療法やワクチンを開発することはできないものだろうか？

二〇〇一年にはプルシナーのチームによって有望な結果がひとつ発表された。培養細胞に異常プリオンタンパク質を入れるとき、同時に抗正常プリオンタンパク質抗体を入れてやると、異常プリオンタンパク質の「増殖」が阻止されるというのだ[5]。その理由としては、異常プリオンタンパク質と正常プリオンタンパク質の相互作用が抗体によって妨げられ、そのために正常プリオンタンパク質が異常化しないのだろうという説明がもっとも本当らしく思われる。もうひとつ、アグッチの研究室からも興味深い結果が発表された。動物の体に抗正常プリオン抗体があると異常プリオンタンパク質が増えにくくなることが、彼らの論文にはじめて報告されているのである[6]。実験方法はいささか込み入っている。ある系統のマウスに、遺伝子組み換え技術を使って、抗正常プリオン抗体が暗号化された遺伝子を組み込むのだ。こうしてつくられたマウスたちは、腹腔内注射で異常プリオンタンパク質を注入されても病気にかからなかった。ということは抗体に守られたのである。しかも、これらのマウスたちはいかなる自己免疫の兆候も示さなかった。思い出していただきたいのだが、この自己免疫こそ動物が自分の細胞の表面にある分子に対する抗体をつくったときに起こるのではないかと心配されていたことなのだ。これら二つの結果はたしかに有望ではあるが、ワクチン接種や、治療のための抗体投与ができるようになるとしても、それはまだ先のことだろう。とくにワクチン接種は実現するかどうかわからない。プリオンタンパク質は「自己」のタンパク質なので、検出できるほどの免疫反応が引き起こされないからである。

羊も汚染されたか?

二〇〇一年、フランスでは羊のことがたびたび話題になった。羊については少なくとも二つの問題がある。一つめは今もっとも切実な問題で、羊はすでに牛海綿状脳症に汚染されているのか、つまり羊からつくった食品を食べて人間が牛海綿状脳症にかかる心配はないのかというもの。二つめは一つめの問題との関連で、逆に牛海綿状脳症の流行が起きたのはそもそも羊のスクレイピーが肉骨粉を介して牛にうつったからなのかというものである。

牛海綿状脳症の病原体が場合によっては牛から羊へうつりうることについては、23章ですでに論じた。ただそれは牛から羊へうつす伝達実験が成功したというだけで、イギリスのふつうの羊にもううつったかどうかはわかっていない。それを知るには、今のところ、スクレイピーにかかった羊の脳の試料を大量に集め、それらをマウスに接種するしかないだろう。そして潜在期間や、病変の形状と分布を調べれば、牛海綿状脳症の病原体によるものかどうかを判断できるはずだ。二〇〇一年の夏、羊に牛海綿状脳症の病原体が見つかったという噂がどこからか流れてきた。公式には年末に結果が発表されるはずだった。ヨーロッパ各国の衛生当局は臨戦態勢に入っていた。もし噂が本当なら、羊関連の産業にかんして断固とした措置をとらなければならないからだ。結果発表の二日前、思いがけない結末がやってきた。研究者がミスを犯した、羊の脳の試料と牛の脳の試料が混ざってしまったというのである！　そんなわけで、自然の条件のもとで羊に牛海綿状脳症がうつった事例があるかどうかについては、今でもデータはひとつも存在しない。

もし将来、羊に牛海綿状脳症の病原体が本当に見つかったとしたら、それが確かに肉骨粉経由で牛からうつったのか、それとも昔から羊にあったのかを知ることが重要な問題となるだろう。羊のスクレイピーには病原体株がたくさんあることが知られており、そのうちのひとつ、おそらく非常に珍しい株が、牛に感染して牛海綿状脳症を引き起こした可能性もあるからだ。この仮説は少しあとでふたたび出てくるだろう。

さて、羊がじっさいに汚染されているかどうかわからないので、それを理論的に見積もろうとした研究者たちがいる。二〇〇一年十一月に論文を発表したイギリスの疫学者たちは、研究がおこなわれていたときに牛海綿状脳症に汚染されながら生きていた羊は、せいぜい数十頭にすぎなかっただろうとのべている。(7)この数は、イギリスで飼われている羊の総数、約四千万頭と比べるとじつに微々たるものだ。しかし、著者たちによれば、もし群れのなかで効率のよい水平感染［訳注　水平感染とは動物のあいだで接触や空気感染で病気がうつること。親から子にうつる「垂直感染」の対立概念」が起これば、この数は増える可能性があるという。

こうした議論がつづいているあいだに、イギリスではある措置が講じられた。まもなくフランスでも同じ措置がとられるはずだが、それは羊の群れのスクレイピーを、牛海綿状脳症に関係があるとないとにかかわらず、根絶してしまおうというものである［訳注　フランスの根絶計画は二〇〇二年三月二十日に発表された］。出発点となったのは、18章でふれたように、羊のプリオン遺伝子にはもともと多くの型があり、そのなかのあるものはスクレイピーに抵抗性を示すという事実だった。人間では一二九番目のアミノ酸（メチオニンまたはバリン）がクロイツフェルト・ヤコブ病への感受性に関わっているのに対し、羊では一三六番目、一五四番目、そして一七一番目のアミノ酸がスクレイピーへの感受性を決定している(8)。そこで適切な選択により、羊をスクレイピーへの感受性を強くするような対立遺伝子を、群れから徐々に駆逐しようというのが措置の基本的アイデアである。

なぜ牛は狂ったのか

ここで本書がタイトルにかかげた問題に戻ろう。なぜ牛は狂ったのか？　もう少し正確にいうと、この病気は、牛海綿状脳症が出はじめた頃に推定されたとおり、スクレイピーの病原体が入った肉骨粉を牛が食べたことによって引き起こされたのだろうか？　これはすでに21章で論じた問題だが、じつはまだ決着がついていない。この動物の病気がなぜ一九八〇年代のはじめに発生したのか、しかもなぜイギリスだけに発生したのかを理解することが重要なのだ。じっさい肉骨粉を牛の餌に使うことは昔からおこなわれていた。十九世紀の半ば、ドイツの化学者ユストゥス・フォン・リービヒ男爵の提案により南アメリカで始められ、のちにほかの国々に広まったのである。一九七〇年代、畜産業の集約化にともなって肉骨粉の使用量が大幅に増えたのは事実だが、これはすべての工業国に共通していた。また、肉骨粉の製法の変化は、たしかに時期的には牛海綿状脳症の出現と一致しているが、イギリスだけに起こった変化ではない。フランスやアメリカ合衆国のような国々でも同じ変化が起こっていたのだ。一方、スクレイピーはといえば、西ヨーロッパ全域とアメリカ合衆国に存在していた。ということは、もし牛が羊のスクレイピーに汚染されたために牛海綿状脳症が出現したのなら、その汚染はもっと早い時期に、複数の国で起こっていたはずだということになる。

以上はイギリスで、判事のフィリップス卿を委員長とする調査委員会が、大がかりな調査の末に到達した結論である。調査の結果は二〇〇〇年十一月に公表された。[9] その分厚い報告書には、牛海綿状脳症が何か普通でない出来事の結果として出現したのではないかという考えがとりあげられている。その出来事とはたとえば肉骨粉の原料のなかに、感染力のとくに強い散発性の牛海綿状脳症にかかった牛の死骸が混じっていたというようなことかもしれない。もうひとつ考えられるのは、すでに指摘されていることだが、一九七〇年から一九七七年までのあいだに、ブリストル動物園で六頭のホワイトタイガーが、当時、伝達性亜急性海綿状脳症と診断された脳症にかかって死んだという事実である。これらの死骸がどのように処理されたかはわかっていない。もし肉骨粉に加工されていたとしたら、虎のプリオン（もしかしたらそれはとても強いかもしれない）が牛海綿状脳症の流行の原因だったということになる。虎を診断した獣医師によれば、今となってはそれが確かに伝達性亜急性海綿状脳症だったと言い切る自信はないそうだが、この仮説には、普通でない出来事が疫病の原因となりうるという考えがはっきりと打ち出されている。確かに牛が虎を食べるというのは、私たちが牛を食べるほど普通のことではない！

とはいえ、羊のスクレイピーが牛にうつったという仮説を支持する人々は今でもいる。これについては、イギリス政府の委託を受けた、ケンブリッジ大学のガブリエル・ホーンを委員長とする学術委員会が、二〇〇一年七月に発表した結論をあげなければならない[10]。それによると、スクレイピーが牛にうつったという仮説を退けることはできず、イギリスだけでおこなわれていたあることが牛海綿状脳症の原因となったとも考えられるという。それは一九七〇年に肉骨粉を子牛にあたえていたことで、子牛は成牛よりもプリオンに感染しやすいのである。委員会によると、ヨーロッパのほかの国々やアメリカ合衆国の畜産家は、肉骨粉を成牛、とくに授乳期の牝牛のためにとっておき、子牛の餌にはあまり使わなかったらしい。もしそれが事実なら、この仮説も簡単には捨てられない。若い動物のほうがおとなの動物よりプリオンに感受性が高いという考えは、実験で厳密に証明されてはいないが昔からあった（1章、第8章）。いずれにせよ、この場合、汚染源はスクレイピーの珍しい病原体株か、肉骨粉の製造過程で生じた変異株ということになるだろう。

したがって牛海綿状脳症の原因は何かという問題はまだ決着がついていない。あるいは永久に決着がつかないのかもしれない。

だが、どこからきたかはわからなくても、この動物の病気の進行状態を見守り、今後の展開を占うことはできる。

牛海綿状脳症の流行はどうなったか？

イギリスでは牛海綿状脳症の流行はしだいに下火になり、二〇〇一年には一ヵ月あたりの新しい症例数は約五十、つまり二〇〇〇年の約半分にまで減少した。減り方は期待していたほど速くなかったかもしれないが、おそらくその理由の一部は、監視がしだいに活発化してきたことにあるだろう。もっとも微妙な点は、二〇〇一年に届けられた症例のなかに、家畜への肉骨粉の使用を厳しく禁止する措置がとられた一九九六年よりあとに生まれた牛の症例が少数含まれていたことである。牛海綿状脳症の流行がはじまって以来イギリスで確認されてきた症例の総数は、二〇〇一年の終わりにはあと少しで十八万に手が届くところまできた。牛海綿状脳症の症例が見つかっている国はほかにもたくさんあるが、症例数はイギリスよりずっと少ない。

フランスでは、二〇〇一年の末までに全部で約五百の症例が確認された。二〇〇〇年と二〇〇一年にそれぞれ相当する症例数を比較すると、牛海綿状脳症の流行が広がっているような印象をうけて不安になるかもしれない。一年間で新しく確認された症例の数が、二〇〇〇年には一六二件だったのに二〇〇一年には二七四件に増えているからだ。しかしこのように確認された件数が増えたのは、二〇〇〇年の終わり頃から、屠畜場で生後三十ヵ月以上の牛をすべて検査するなど、検査体制が厳しくなったからにほかならない。もし臨床症状を呈したためにわかった症例だけを数えるなら（二〇〇〇年の半ばまではこれが唯一の検査だった）、二〇〇〇年は一〇二件で、二〇〇一年は九一件である。これをみれば、牛海綿状脳症の流行がフランスで広がったとはいえないどころか、その反対であることがおわかりいただけるだろう。

これとは別に、理由の如何（いかん）を問わず心配なことは（といってもそれだけを取り上げてとやかくいうべきではないが）、感染国の数の問題である。牛海綿状脳症の感染国は、一九九九年には八ヵ国だったが（おもにイギリス、ポルトガル、フランス、アイルランド、スイス）、二〇〇一年の末には二十ヵ国に増えた。二〇〇〇年の終わり頃にドイツで七件の症例が発見されたときは、ヨーロッパ中が大騒ぎになった。そして二〇〇一年、ドイツでは新たに一二五件の症例が報告され、ヨーロッパのほかの数ヵ国も感染国の仲間入りをした。なかにはスペイン（八二件）やイタリア（四八件）のように件数の多い国もあるが、ほかの国々、たとえばオーストリア、フィンランド、ギリシア、スロバキア、スロベニア、チェコなどは五件に満たない。とくに思いがけなかったのは二〇〇一年の秋、日本で三件の症例が発見されたという知らせだった。それ以来、日本では牛関連の産業が深刻な打撃を受けている。このように、病気が一見多くの国に広がったように見える現象をどうとらえればよいのだろうか？　今はまだ結論を出すには時期尚早かもしれないが、おそらく決定的な要因は監視体制が強化されたことにあるのではないかと思われる。じっさい、常識的に考えて、スペインやイタリアのような国々が感染を免れるわけがない。イギリスの汚染された肉骨粉は一九八〇年代、これらの国々にも当然入ったはずだからである。いいかえれば、これらの国々でも二〇〇一年以前に狂牛病の症例はあったと思われるが、見つからなかっただけなのだ。

日本のように症例数が非常に少ない場合は、その原因をつきとめることが何より重要である。今はまだ病気が流行している国でも、件数が減少している場合は、何年かして症例数が同じくらい少なくなったときに、やはりひとつひとつの原因を解明することが大事になるだろう。つまり汚染が原因なのか、それとも人間の散発性クロイツフェルト・ヤコブ病のように自然発生したものなのかをはっきりさせる必要があるのだ。

それでは、牛海綿状脳症を免れているといわれる国々、たとえばアメリカ合衆国はどうなっているだろうか？　公の発表によれば、この国では牛海綿状脳症の症例はひとつも発見されていないし、イギリスなどの感染国から牛や牛由来製品が輸入されないように厳重な措置がとられているという。もちろん、たまに散発的な症例が生じてそれが発見されないということはありうるが、一九九七年以来、肉骨粉を反芻動物の餌にもちいることは禁じられているので、これらの散発的な症例から大規模な病気の流行が引き起こされるとは思えない。したがってアメリカ合衆国ではおそらく狂牛病パニックは起こらないと考えてよいだろう。ただひとつ小さな心配がある。[11]この国には慢性消耗病（しょうもう）という、シカ科の動物がかかる伝達性亜急性海綿状脳症があるのだ（22章の注3）。この病気は一九六〇年代、飼われているシカにはじめて発見されたが、今では野生のシカにも、コロラド州とワイオミング州の隣接地帯から北へカナダのサスカチュワン州にかけてのかなり広い範囲に存在することがわかっている。病気の起源は不明である。もしかしたら、飼われているシカが肉骨粉を通して感染したのが始まりかもしれないが、証明はされていない。その伝わり方も謎に包まれている。おそらくスクレイピーが群れのなかで広がったように水平感染したのだろう。そうでなければ野生のシカへの伝播が説明できない。この病気が人間にうつるかどうかはわかっていないが、コロラド州とワイオミング州の保健当局は、万一の場合にそなえて、感染したシカの肉をハンターが食べることのないようにいくつか法的な措置をとった。ただひとつだけ本当に心配なシナリオがあるとすれば、それは野生のシカから牛に病気がうつることだ。その病原体が牛のあいだでも水平感染していくようなら、スクレイピーが羊の風土病となったように、慢性消耗病が牛の風土病となる恐れもある。

人間の犠牲者はどのくらいか?

牛海綿状脳症が牛から人間にうつったものであることがほぼ確実な新型クロイツフェルト・ヤコブ病は、今どうなっているだろうか? 二〇〇〇年の末までにこの病気で亡くなった人は全部で八十六人だった。そのうち八十二人はイギリス人、三人はフランス人、一人はアイルランド人である。一年後、死者は合計百一人となった。ということは、二〇〇一年の一年間にこの病気で亡くなった人は十五人であり、一九九八年の十八人、一九九九年の十五人とほとんど変わらないが、二〇〇〇年の三十人と比べるとはっきりと減少している。したがってまえに予想されたとおり、流行はつづいているが規模は小さいといってよい。それでは、二〇〇一年にはこの病気に関して、ほかにどのような情報や知見がもたらされただろうか？　ひとつは牛から人間への伝わり方についてのいくつかの見解、もうひとつは今後の展開と犠牲者数にかんする、前年に比べてやや楽観的な見積もりである。

まず第一点だが、牛海綿状脳症がいかにして人間へ伝わったかを知るために、二つのタイプの疫学研究がおこなわれた。ひとつはイギリス中央部のクェニバラという小さな村に集中発生した症例の分析、もうひとつはイギリス人一般の食習慣の研究である。[12]

レスター州の平和な農村クェニバラは、その名がとつぜん新聞の一面に躍り出て以来、すっかり有名になってしまった。というのも、一九九八年八月から二〇〇〇年十月までのあいだに、村の近くに住む十九歳から二十四歳までの若者が五人、新型クロイツフェルト・ヤコブ病で死亡したからである。五人というと、イギリス全土におけるこの病気の死亡者総数の約五パーセントにあたる。これほど小さな地域にそれだけの症例が偶然に集中発生する確率は〇・四パーセントにも満たないので、疫学用語で「クラスター（かたまり）」と呼ばれるこの症例群がなぜ生じたかを説明する必要があった。そこで調査が実施され、二〇〇一年三月末に結果が発表されたのだが、それによるとこの地域には昔ながらの手作業で屠畜・解体をおこなっていた肉屋が二軒あり、五人の犠牲者は全員、その二軒のいずれかで買った肉を食べていたという。とくに注目すべき点は、どちらの肉屋も自分で頭蓋を切りひらいて脳を取り出していたことだった。このため、もし牛が牛海綿状脳症にかかっていたとすれば、脳を取り出したときに道具が汚染され、それを介して別の多くの部位に病原体が付着した可能性があった。牛海綿状脳症はこうして牛から人間へとうつされたのではないかと考えられたのである。ただ、この説明はクェニバラの症例群には当てはまっても、イギリスで起こったすべての症例に一般化することはできないだろう。イギリスでもヨーロッパのほかの国々でも、たいていの肉屋は問題の二軒の肉屋がおこなっていた方法を何年もまえに廃止していたからである。クェニバラの症例群分析からわかった興味深い事実は、新型クロイツフェルト・ヤコブ病の潜伏期間に関係していた。つまり、例の肉屋が廃業した時期をみると、潜伏期間は十年から十六年あたりになるはずで、これはフォレ族のクールーの平均潜伏期間と同じレベルなのである。

そのほかの疫学研究では、新型クロイツフェルト・ヤコブ病の分布がイギリス人の食習慣との対比で分析された。イギリス全体でみたとき、この病気の罹患率は地方によって異なっていた。二〇〇〇年の終わり頃でいえば、イギリス北部とスコットランドの罹患率は、イギリス南東部やウェールズ地方のほぼ二倍で、中央部の罹患率はそれらの中間にあたっていた。こうした罹患率の違いを、やはり地方によって異なる食習慣と関係づけることはできるだろうか？　これらの地方の食習慣を調べたある研究によると、確かに新型クロイツフェルト・ヤコブ病の罹患率と食習慣のあいだには相関関係がみとめられ、罹患率の高い地方ではハンバーグや、ソーセージや、パテのような、挽肉をもちいた食品が比較的好まれていたという。挽肉には脊柱や神経系から機械で切り離した肉の端のほうが使われるので、確かにほかの部分よりプリオンに汚染されている確率が高いと考えられる。ところが別の研究によると、異なる地方でどのような牛由来食品が食べられているかを調査した結果、きわだった違いはみとめられなかったという。もちろん私たちとしては、予想どおりの結果が出ている前者のほうを信用したくなるが、その結論にいたるまでに十分議論が尽くされたとはいいがたい。

したがって今日でも、具体的にどういう食習慣のせいで牛海綿状脳症に感染したかを明示することは不可能である。しかも、もっとも可能性が高いとはいえ、食品が汚染の原因であることさえ確かな裏づけは存在しないのだ！

新型クロイツフェルト・ヤコブ病の犠牲者の数は、先にのべたように、二〇〇一年にはあまり大きくは増えなかった。だが、それだからといって疫病の絶頂期は終わった、まもなく減りはじめるだろうということはできない。もしかしたらこれは小休止にすぎず、ふたたび急上昇するかもしれないからだ。本当のところはどうなのか、だれもが知りたいと思うだろう。とくに各国政府としては、これから大規模な疫病がはじまり、何十万、何百万という同胞が襲われることになるのか、それともそこまではいたらず、数十人か、せいぜい数百人の犠牲者ですむかによって対応の仕方が変わってくるだけに、ぜひ今後の展開を見きわめたいところである。そこで、二〇〇〇年に予想を試みたアンダーソンのグループにつづき、いくつかの疫学者グループが果敢にも将来を占おうと水晶玉に目を凝らしてきた。

二〇〇〇年八月に発表されたアンダーソンらの見積もりでは、イギリスの犠牲者の総数は百人から十三万六千人くらいだろうといわれていた。この十三万六千人という数は、たびたびメディアに取り上げられてきたが、22章でのべたように、潜伏期間が六十年という、あまりありそうにない仮定にもとづいて計算したものである。もし平均潜伏期間が二十年ないし三十年ならば、予想される犠牲者の総数は最大でも数千人を越えないはずだった。二〇〇一年十一月に発表された二つの見積もりは、これよりいくぶん楽観的な見通しを示している。[13] そのひとつはフランスとイギリスの共同研究によるものだが、犠牲者の数は最大でも四百人を越えることはなく、おそらく二百人くらい、つまり現在数の二倍ほどですむだろうといっている。この数字は、犠牲者の年齢を考慮に入れた結果、出てきたものだ。犠牲者の年齢は、はじめの症例にすでにあらわれていたように、非常に若い。分析がおこなわれたとき、この病気で亡くなっていた人は九十人いたが、五十歳を越えていたのはそのうち六人にすぎなかった。そういえば動物でたびたび観察されていたことだが、経口感染はなぜか若い人のほうが容易に起こるらしい。このことをふまえ、ほとんどの感染は一九八〇年から一九八九年までのあいだに起こったと仮定して計算した結果、さきほどの四百人とか二百人という数字が出たのである。これはたやすく理解できる。もし新型クロイツフェルト・ヤコブ病の多くが、患者が三十五歳になるまえに発症するとすれば、疫病は向こう二十年ほどで終息するはずなのだ。この研究によれば、私たちは今ちょうど峠を越えつつあるところで、症例の数は二〇〇二年から減少しはじめるだろうという。

これらの見積もりはすべて仮定にもとづいているから、もちろん鵜呑み（うの）みにしてはならない。だがその暗黙のメッセージは、いたずらに悲観論に陥るな、おだやかな見積もりがあることも忘れるなということである。その予想によれば、犠牲者の総数は数百万人、いや数千人にさえ達することはなく、数百人ですむかもしれないのだ。もちろん犠牲者の数がどうであろうと、患者とその家族にとってこの病気が大変な悲劇であることには変わりはないが、それでも公衆衛生の立場から見れば問題の規模はかなり小さくなる。

さいごに、これらの見積もりには考慮されていないが、考えに入れたほうがいいことがひとつある。患者の遺伝的な特徴である。ご存じのように、プリオン遺伝子の一二九番目のアミノ酸の組み合わせは、感染への感受性に大きな役割を演じているが、これに関連して驚くべきことが明らかになった。二〇〇一年の末までに新型クロイツフェルト・ヤコブ病にかかった人は全員、一二九番目のアミノ酸が二つともメチオニンのホモ接合体だったのだ。もしこれが、二つともメチオニンのホモ接合体だけが新型クロイツフェルト・ヤコブ病の病原体に感受性を示すということであれば、右にあげた予想値はそのまま変わらない。だが、成長ホルモン投与による汚染の場合にみたように（20章）、一二九番目のアミノ酸の組み合わせが単に潜伏期間の長さを変えているだけだとすれば、今後へテロ接合体や二つともバリンのホモ接合体の患者が発生する恐れがあり、そうなると犠牲者の数は予想値の約二倍に達するかもしれないのである。

エピローグ

〝敵〟はまだ打ち負かされてはいない。

これほど長いあいだ、獣医学者、臨床医学者、研究者たちの追跡を逃れてきたのは、正統医学の体系に真っ向から挑むような性質をたくさんもっているからである。

感染性疾患であることはまちがいないが、それにしては潜伏期間があまりにも長い。また、感染症なのにいかなる生体防御反応も引き起こさず、研究者たちを長いあいだまちがった道にふみ迷わせてきた。その病原体は通常のいかなる不活性化処理にも抵抗し、このことがプリオン病原説——核酸をもたない純粋なタンパク質《プリオン》が病原体であるというはなはだしく異端の説——が生まれるきっかけとなった。感染症といってもときには遺伝性で、そうかと思えば自然に発生することもあり、パスツールの「ドグマ」にも反している。

プリオンタンパク質は、これまで研究者たちがなじんできた考え方では説明できない性質をたくさんもっている。何よりそれは「壁の通りぬけ」ができ、腸の壁を突破してリンパ系に入り、神経系に侵入して脳に達し、神経細胞に入り込んでそれを破壊するのだという。また、何通りもの、しかも安定した立体構造をとり、それらの違いが潜伏期間の長さや、中枢神経系にみられる病変の性状に影響をあたえるのだという。分子生物学者はタンパク質の立体構造がアミノ酸の配列によって一意的に決まっていると教えられて育っているため、このような考えがなかなか受け入れられないのである。

〝敵〟の正体解明が遅れた理由には、たしかにその性質の奇妙さ、さまざまな変装能力などが含まれている。だが追跡にこれほど長い時間がかかった理由はそれだけではない。その進行は科学的知識やテクノロジーの発達と密接に結びついていたからである（巻末の年表参照）。

追跡が成功した理由、またそれに時間がかかった理由を考えてみると、学問研究のもっているいくつかの側面――つねに存在するが無視されることが多い――が浮かび上がってくる。そのひとつはいわゆる《ドグマ》が果たす役割である。ここでいうドグマとは、自然現象や観察された事柄を説明する原理のうち、多くの同じような観察事実にあてはまるため、広く認められているものをさす。たとえば、核酸が遺伝情報をになっているというのはひとつのドグマである。それを裏づける実験データがたくさんあったからこそドグマとなったのだ。個々の遺伝形質を研究しているとき、このドグマが疑問視されることはなかった。逆に、そのような核酸の役割を既定事実として受け入れなければ研究は進展しなかっただろう。そう思ってみれば、核酸がないのに増殖できる病原体などという考えが、長いあいだ疑問視されていたのはむしろ当然である。これはかくべつ珍しいことではない。ある研究者のおこなった観察が主流の理論に合わないように見えることはよくあるものだ。はじめのうち、彼の観察やその解釈はどうしても疑いの目で見られてしまう。それが正しいこと、主流の理論をこそ考え直さなければならないことを研究者たちに納得してもらうには、想像力を駆使して実験をおこない、なるほどと思わせるような証拠をつきつけるほかはない。〝敵〟を追跡するには多くのドグマを転覆させなければ――少なくとも転覆させようとしなければ――ならなかった。それでも追跡は決して楽にはならなかったが！

もうひとつの大事な側面は、知る人が少なく重要度が低いと思われるテーマでも、良質な研究を続けていればいつかは役に立つこともあるということだ。今日の研究はいささか無駄がなさすぎ、テーマも短期かせいぜい中期のうちに応用できるものに集中しすぎている。しかしもし昔からこの方針を通していたら、牛海綿状脳症が流行して公衆衛生に大きな問題が生じても、なすすべがなかったに違いない。さいわい獣医学研究者たちが謎の病気スクレイピーについて、医学研究者たちが非常にまれな病気であるクロイツフェルト・ヤコブ病について、地道に研究をつづけていてくれた。そしてさいわいガイジュセックが、パプアの一部族にとりついた奇病クールーを研究してくれた。彼の研究がなかったら、動物の伝達性亜急性海綿状脳症と人間の伝達性亜急性海綿状脳症の関係づけはもっとずっと遅れていたに違いないのである。

伝達性亜急性海綿状脳症は最近よくメディアに登場するが、あいかわらず医学の中心テーマからはやや外れている。第一の理由は難しいからだが、数量的にみてこれらの病気が公衆衛生の一義的問題ではないからでもある。散発性クロイツフェルト・ヤコブ病にかかる人は今でも毎年百万人に一人くらいしかいず、死者全体のうちでこの病気で亡くなる人の割合は一万人につき一人にすぎない。新型クロイツフェルト・ヤコブ病はといえば、これまでに出た患者をすべて合わせてもせいぜい百人程度である。もちろん今後その数は否応なく増えるだろうが、もっとも悲観的な予想が当たったとしても、ほかの病気にかかる人の数にくらべればかなり少なくてすむはずだ。さらにこの病気は、牛海綿状脳症の流行を終わらせるために講じられたさまざまな対策のおかげで、ここ数年のうちに消えるだろう。だから伝達性亜急性海綿状脳症の研究に巨額の金を注ぎこむのはもったいないと思う人もいるかもしれないが、それは大きなまちがいである。この病気の奥にひそむメカニズムがわかれば、生物学全体に新しい考え方がもたらされることが期待できるからだ。さらに公衆衛生の点からいっても、クロイツフェルト・ヤコブ病の治療薬ができれば、たとえ収益はほとんど見込まれなくても、伝達性亜急性海綿状脳症と症状が似ていてもっと患者数の多い、アルツハイマー病のような神経系変性疾患の治療薬の開発研究に大いに役立つはずである。

この追跡物語から浮かび上がる最後の側面は、異なる学問分野をへだてる壁である。これはきわめて重要なポイントだが、表立って話題にされることはほとんどない。しかし狂牛病パニックを含め、最近のいろいろな事件をふり返ってみればすぐにも納得がいくだろう。たとえば狂牛病パニックのとき、弁護士も、ジャーナリストも、一般人も、声を一つにして叫んだではないか。「知っていたのに何もしなかった！」と。

この短い文句のあいまいさはひとえに主語の不在にある。だれが、何をわかっていたのか？　ようするに現代は、もはや教養ある人間が、自分は世界のことをほとんど知っているといって胸を張れる時代ではないということだ。レオナルド・ダ・ヴィンチの時代はとうにすぎた。人類の知の領域はとてつもなく広がり、最高の科学者でさえほんの一部を知っているにすぎない。この領域は広大だがそれだけではない。刻一刻と広がりつつある。今日では毎年二五〇〇万本の学術論文が書かれているという。一日に換算するとざっと一〇万本である。分野を生命科学にかぎり、各国の主要な基礎資料に引用される重要な出版物だけに制限しても、毎年掲載される論文の数は三〇万、つまり一日につき約千本ということになる。

さらに分野をしぼっても、研究者が自分の研究のかたわらすべてに通じるのは至難の業だ。だから、研究が発表されただけではすべての科学者がそれを知っていることにはならない。研究者は自分の専門分野にはくわしく、関連分野なら少しは知っているが、それより遠い分野となるとほとんど知らないのがふつうである。

ガイジュセックを例にとれば、のちにノーベル賞を受賞した彼でも、クールーについて研究をはじめたときは、クロイツフェルト・ヤコブ病という病気が存在することも、スクレイピーという病気が存在することも知らなかった。ところが、前者は四十年もまえに報告され、後者については二世紀もまえから出版物が出ていたのである。また、成長ホルモンの悲劇に戻れば、先にみたように、この治療を警戒する理由は理論的にはいくらでもあった。だが、内分泌医も小児科医も、スクレイピーをあつかった獣医学の文献など知らなくても少しもかまわなかったのである。もちろん知っている人はいた。だが脳下垂体性小人症の治療を考えた人々は知らなかったのだ。将来、このような事態を避けることはできるだろうか？　たしかに、電子通信技術の進歩によって、巨大化する情報に容易にアクセスできるようになったし、これからもますます容易になるだろう。しかし結局のところ、いくら容易にアクセスできるといっても、探さなければ情報は手に入らないし、時間をかけなければ自分のものにはならない。仮に当時の内分泌医や小児科医がインターネットを使えたとしても、きっと自分の専門分野の進歩を追いかけるのに精一杯で、スクレイピーについての文献をわざわざ探したりはしなかっただろうと思うのである。

十八世紀なかば、〝敵〟がイギリスに現れ、畜産農家の注意を引きはじめたころ、言語学者たちによって、〝敵〟の特徴を二重の意味でぴたりといい当てたことばがつくられた。すなわち《変身自在(プロテイフォルム)》。二重の意味でといったのは、ひとつにはそれが古代ギリシアの神プロテウスのようにたえず姿を変えてきたからであり、もうひとつにはこの変身能力がタンパク質[1]がとる形(フオルム)の多様性に起因するからである。

この「変身自在」な〝敵〟は、常識破りのその性質を別にすれば、巻頭に引用した一節のなかでルイ・パスツールとシャルル・ニコルが出現を予見していた新しい感染症の一例にすぎない。二千年紀終わりの数十年間、人類はエイズをはじめ、そうした例にたくさん出会ってきた。どれも、病原体は長いあいだ病原巣動物のなかに保たれてきたのに、私たちの生活様式が変化したせいで人間社会に広まったのだ。シャルル・ニコルによれば、私たちは決してこれらの新しい病気をはじめから知ることはできないという。しかしこれまで語ってきたことに照らせば、今ではそれは必ずしも正しくない。たとえば、成長ホルモンの投与によって起こった医原性クロイツフェルト・ヤコブ病は、一九八五年に最初の症例が発生すると、またたく間にそれと気づかれた。また、牛海綿状脳症の流行につづいて出現が危惧された新型クロイツフェルト・ヤコブ病も、最初の患者の発生と同時に発見された。ただ不幸なことに、たまたま潜伏期間がきわめて長い病気だったために、どちらの場合も病気があらわれたときにはすでに多くの人々が感染していた。それでも病気の出現と認識がほとんど同時であったことを思うと将来に希望がもてる。

生物学や医学の知識が蓄積され、診断技術が向上し、疫学的監視網が密になるにしたがって、ますます多くの新しい感染症が早い段階で見つかるようになるだろう。近い将来、人類と環境の相互作用がもっとよくわかってくれば、新しい病気を見つけるだけでなく、その出現を予想することさえできるようになるかもしれない。

解説に代えて

山内一也

本書は、フランスが「BSE（牛海綿状脳症）パニック」に陥っていたさなかの二〇〇一年三月に出版された本の翻訳である（最終章の27章は英語版をはじめとするほかの外国語版のために執筆され、二〇〇二年三月にメールにより著者から送られてきたものである）。

著者のマクシム・シュワルツ博士はフランスのパスツール研究所の分子生物学教授で、調節遺伝子の発見でノーベル賞を受賞したジャック・モノーの弟子にあたるという。分子生物学者がBSE問題を扱うようになった経緯は、本書にも述べられているように、ここ二十数年の話である。フランスでも有名な同研究所に私は何度か訪れる機会があったが、獣医学を専門とする私と専攻が異なるため著者とお目にかかることはなかった。この日本語版の出版社の出版意図は「ヨーロッパの経験に学ぶ」ということであったが、内容を読み、広い視野でプリオン病について冷静かつ客観的にまとめていると思ったので、監修をお引き受けすることにした。

まず、私なりに、一般の人に誤解のないように、言葉の定義の問題も含め、プリオン病について素描してみたい。

BSE、CJD、スクレイピー、クールー

一九八六年、英国で発生が確認されたBSE牛は人に感染を起こして致死的な神経難病である新型クロイツフェルト・ヤコブ病（CJD）の原因になったと考えられている。BSE、新型CJD、ともに近代社会が産み出した新しい病気とみなされる。

これらの病気は今日では「プリオン病」と呼ばれている。単独で「プリオン」と使うときは病原体の意味であり、ウイルスや細菌に相当する。でも、ウイルスや細菌のような微生物とは異なり、プリオンの構成成分は「異常プリオンタンパク質」であって、動物の身体の構成成分である正常プリオンタンパク質の構造が変わったものと考えられている。たとえば、BSEでは牛に餌として与えた肉骨粉に含まれるプリオン（ないしは異常プリオンタンパク質）が小腸でとりこまれ、小腸の正常プリオンタンパク質を異常プリオンタンパク質に変えることで、異常プリオンタンパク質が増えていくと考えられている。増加した異常プリオンタンパク質は小腸から脳や脊髄などに運ばれて、そこの正常プリオンタンパク質も異常なものに変えていく。このようにして、病原体であるプリオンはゆっくりと、しかし着実に増えていくと考えられている。

つまり、病原体としてのプリオンはウイルスなどと同様に最初は外から身体に侵入するが、増えていく病原体は自分の身体の一部になっているタンパク質である。身体にとって異物であるウイルスなど微生物がその子孫を増やしていくのとは、まったく異なっている。

プリオン病は「伝達性海綿状脳症」とも呼ばれる。その病気を実験的にほかの動物にうつすことができ（伝達性）、スポンジ（海綿）状の病変が生じる、脳の病気（脳症）のことを指す用語で、病気の特

徴から名づけられたものである。

最初の伝達性海綿状脳症は二〇〇年以上前、ヨーロッパで羊に見つかった。後に、「スクレイピー」と名づけられたこの病気が伝達性であることは、フランスの獣医学研究者により一九三〇年代に明らかにされた。二〇世紀前半、スクレイピーは畜産の進展とともにヨーロッパ中に広がっていった。とくにウール産業の中心となった英国では羊の飼育が盛んになり、それとともにスクレイピーの発生も増加した。

この時期はちょうど、細菌やウイルスがつぎつぎと分離され、微生物学が急速に進展しはじめたときでもあった。フランスについで、英国でもスクレイピーの研究が進みはじめた。この病原体は細菌が通過できないフィルターも通り抜けることから、「濾過性病原体」、すなわちウイルスの一種であろうと考えられた。しかし、発病までの潜伏期間はウイルスの数週間と違い数年と長い。また、ホルマリンのような強力な消毒薬でも、その感染性が失われないことなど、ウイルスとはあまりにもかけはなれた性質がだんだんと明らかになっていった。一九五〇年代初めには、スクレイピーなど一群の羊の病気に対して「スローウイルス感染」という名称が与えられた。この時点では、スローウイルス感染はまだ獣医学領域の問題であった。

羊の病気が人の神経疾患に結びついたのは第二次世界大戦終了後である。一九六〇年代、ニューギニアの原住民で発生していたクールーについての研究をおこなっていた米国のガイジュセックは、スクレイピーでの実験結果を参考にしてクールーの患者の脳をすりつぶして作った乳剤をチンパンジーの脳内に接種する実験により、この病気がチンパンジーに伝達されることを証明した。続いて、きわめて稀に見られる人の神経難病であるＣＪＤでも同様にチンパンジーへの伝達に成功し、スクレイピーと同様の伝達性海綿状脳症が人にも存在することを明らかにした。この業績で彼は一九七六年にノーベル賞を与えられた。ガイジュセックは、これらの病気は異常なウイルスにより起こると考えていた。しかし、その病原体は依然として大きな謎につつまれていた。

病原体の本体の解明の突破口になったのは、米国のプルシナーが一九八二年に発表したプリオン説である。彼はスクレイピーを実験材料として、精製していった結果、感染性を担っているのは、タンパク質であるという結論に達し、この病原体に対してプリオン（タンパク質性感染粒子）という名前を提唱したのである。

それから二〇年間、プリオン説はめざましい進展を遂げてきた。当初、タンパク質だけで増殖するという考え方に対しては、分子生物学者を中心に猛烈な反発が起きた。タンパク質のみが増殖するというプリオン説は、タンパク質は核酸（ＤＮＡ）に刻み込まれた遺伝情報にしたがって産生されるという分子生物学のセントラル・ドグマに反するということが反発の理由である。しかし、まもなくプリオンタンパク質の遺伝子が分離され、それが動物の身体の遺伝子のひとつであることが明らかにされた。ウイルスのような異物ではなかったのである。これを契機として、プリオン説は、最初に述べたように、正常プリオンタンパク質が異常化して病原体に変わるという内容に修正され、セントラル・ドグマに反するものではなくなった。病気の実態に関する知識も急速に増えていった。プリオン遺伝子の変異により発病する遺伝性プリオン病の存在も明らかになった。プリオン病は感染症であり、また一方で遺伝病でもあることが明らかになったのである。

プリオン説の基礎ともいえる、異常プリオンタンパク質が感染性を担っている点については、それを支持する状況証拠が多数集まっているが、直接、異常プリオンタンパク質について感染性を証明する実験は技術的な問題があるために、いまだに成功していない。しかし、異常プリオンタンパク質の検出がプリオン病の診断の基礎になっているように、プリオン説は伝達性海綿状脳症の研究から対策にいたるまで、広く貢献してきている。プリオン説に基づいた多くの先駆的功績に対して、プルシナーは一九九七年にノーベル賞を与えられた。

BSEの三つの衝撃波

英国でBSEの牛が見いだされたのは、ちょうどプリオン説が受け入れられ始めた時期であった。プリオン説はBSEの研究の中心になり、これに基づいてBSEの診断や食肉の安全対策なども確立されてきた。詳細は本書に譲り、ここではBSEの推移に焦点をしぼりたい。

新しい病気としてBSEが発見されたとき、BSEの牛の脳にはスクレイピーの羊によく似たスポンジ状の病変が見いだされたことから、おそらくスクレイピーが牛に感染したために起きたものという考えが提唱された。

BSEの広がりは予想を超えるものとなった。最初に確認された一九八六年末に六〇頭だったBSE牛は、四年後の一九九〇年末には一万五〇〇〇頭に達した。この年、英国で一匹のシャムネコの死が大きな波紋を呼んだ。猫に伝達性海綿状脳症が見つかった最初の例である。スクレイピー羊には二〇〇年以上も接してきたが、これまでスクレイピーが人間に感染した証拠はなかった。英国政府はスクレイピーと同様に、ＢＳＥも人には感染しないだろうと説明していた。スクレイピーが猫に感染したこともなかった。ところが、ＢＳＥが猫に感染したとなると、人へも感染するおそれがあるという心配の声が高まった。急増していた牛のＢＳＥ発生を背景に、最初の衝撃波が英国を襲った。

　この心配は現実のものとなった。人への感染は一九九六年、英国でティーンエイジャーを含む一〇名の若者に、ＢＳＥ感染が疑われる新型ＣＪＤの患者が見つかったのである。これがＢＳＥの第二の衝撃波となり、英国のみならず全世界を襲った。なお、新型ＣＪＤ患者は二〇〇二年五月の時点で、英国で一二一名、フランスがそれについで五名、ほかにアイルランドとイタリアで各一名が見いだされている。

　二〇〇〇年秋、フランスでＢＳＥ発生が急増した。同じ年の終わりにはそれまでＢＳＥ発生はありえないと主張していたスペインとドイツでＢＳＥ牛が見つかった。翌二〇〇一年になると、ＢＳＥ初発国の数は増加し、スウェーデンを除くすべてのＥＵ加盟国でＢＳＥが見いだされた。これがＢＳＥの第三の衝撃波となった。このＢＳＥ牛の急増の理由の一端は、二〇〇〇年初めから迅速ＢＳＥ検査法が利用されるようになり、発病前の潜伏期中の牛も含めてＢＳＥの検出効率が高まったことにある。ヨーロッパの各国のＢＳＥは、英国から輸入した肉骨粉または牛からの感染によると考えられている。

　英国では、ＢＳＥが餌としての肉骨粉を介して牛の間で広がっていることが推測されたため、一九八八年に牛や羊など反芻動物に肉骨粉を餌として与えることが禁止された。それとともに余った肉骨粉はＥＵ諸国に大量に輸出されていたのである。二年後にはＥＵ諸国でも英国と同様に肉骨粉の使用禁止が相ついだために、今度はＥＵ以外の国への輸出が増大した。一九九〇年を境に、英国からインドネシア、タイ、スリランカ、フィリピン、日本などアジア各国への肉骨粉の輸出が増す。この輸出は一九九六年に新型CJD患者が見いだされたのをきっかけに中止されたが、これらアジア各国には英国政府の統計によれば十七カ国、総計十万トン近い肉骨粉が輸出されていた。東ヨーロッパ、中近東、アフリカなどを含めると四〇数カ国に輸出されていた。これによって、世界的BSE汚染の可能性が生じたとみなされる。

日本を襲ったBSE

BSEの第三の衝撃波は日本をも直撃した。二〇〇一年、千葉県でBSE第一号が見いだされた。それまで、BSE発生を想定していなかった日本では大きな社会混乱が起きた。対岸の火事ではなくなった。日本でこれまでに見いだされた三頭のBSE牛はいずれも一九九六年生まれである（この五月に見つかった四頭目の牛も同じ年の生まれである）。三例ともにウエスタン・ブロット法で調べると、英国のBSEに特徴的なパターンを示していることがわかった。病原体が肉骨粉として日本に輸入されたために発生したことはほぼ間違いないが、五年も前だとそれを特定することは困難である。

英国産の肉骨粉にもっとも汚染が高かったのは一九九〇年頃である。一九八九年に人の安全対策として、英国では脳や脊髄の食用が禁止されたが、逆に肉骨粉には加えられていた。一九九〇年に家畜の餌にも脳や脊髄の使用が禁止されたため、それ以後はBSE病原体の汚染の程度は低くなったと推測されている。この時期に日本にも英国産の肉骨粉が直接または間接的に輸入されていたとすると、それを食べた牛はBSEとなり、それが肉骨粉となり、別の牛に感染を起こすというリサイクルが起きていたと考えざるをえない。

ＢＳＥ牛第一号発生後の日本の行政対応は早かった。一ヵ月あまり後には、牛でのＢＳＥ広がり防止のために肉骨粉の全面使用禁止、積極的サーベイランスによる監視の強化、（屠畜される）すべての牛の危険部位（脳・脊髄・眼・回腸遠位部）の除去と迅速ＢＳＥ検査の実施などの対策がとられた。検査で陰性の牛だけが市場に出される体制が確立した。ＥＵでは迅速ＢＳＥ検査は三〇ヵ月齢以上の牛についておこない、脳や脊髄の除去は一二ヵ月齢以上の牛が対象である。日本ではそのような制限はもうけられていない。この全頭検査によって、第二号、第三号のＢＳＥ牛が発見された。いずれも臨床症状は見られず、発病以前であった。短期間でこのような安全対策が確立されたのは、ガイジュセックがノーベル賞を受賞した頃から始まっていた日本人によるプリオン病の研究の蓄積があったためである。

日本におけるＢＳＥは今後どのような推移を見せるのであろうか。食品の安全を確保する対策はできてきたが、本書でも述べられているように、ＢＳＥがどのようにして人に病気を起こすのか、科学的にはまだほとんど分かっていない。食品を介して人がＢＳＥにさらされるリスクについて、一九九九年末にＥＵ科学運営委員会が公表した見解がある。そのなかでも重要な科学的に未知な点、二つを紹介する。①人がＢＳＥに感染する潜伏期が不明。二、三年から二五年とさまざまで、現在の患者数は流行の始まりなのか、終わりなのか、明らかではない。②感染を起こしうるＢＳＥ病原体の最小量が不明。非常に少ない量の病原体に繰り返しさらされたらどうなるのか、明らかではない。今後もさらに研究を推進しなければならない。一方で、世界的にＢＳＥ汚染が起きている現状も認識しなければならない。グローバリゼーションの現代にあって、日本に再びＢＳＥの波が押し寄せるのかどうか、油断を許さない。

本書と訳語について

本書の主人公ともいえる変幻自在の〝敵〟は、原書で《Mal》と表記されている。この単語には、「悪」という意味もあれば、「苦痛」、「病気」という意味もある。大文字になっていることから「悪をもたらすもの」「悪霊」といった意味もこめられている。プリオン病の病原体を〝敵〟とみなし、〝敵〟のさまざまな変装姿、〝敵〟が社会に与えた影響、〝敵〟の正体を追い求める科学の進展と科学者たちの群像があいまって見事な物語に本書はまとめられている。

フランスならではと思われるエピソードも盛りこまれている。その一例として、成長ホルモンから感染した医原性CJDがある。この患者は世界で一三九名、その半数以上はフランスで見いだされたものである。本書に、日本では硬膜移植により感染したCJD患者が多いとの記述がある（原注18章の1）。いわゆる薬害ヤコブ病である。ドイツからの輸入品、脳硬膜製品がヤコブ病病原体に汚染されており、それが原因で、日本において七〇人を超える人がCJDに感染したと考えられている。

書名『なぜ牛は狂ったのか』は原著の直訳である。私は自分の著書の中で「狂牛病の牛は狂ってはいない」という見出しの章を書いたことがある。正反対の表現にもとれるが、著者の視点は狂った牛ではなく、中枢神経疾患の牛であることが本文から読み取れよう。

本書の用語では伝染、伝達、感染を意識的に区別している。この点について、若干説明をしておきたい。伝染病は感染症の中のひとつを指す。すなわち、自然の状態で急速に接触や空気感染で広がり、社会的に大きな影響を与える感染症が伝染病である。この用語は二〇世紀半ばまでは、欧米でも用いられていたが現在では用いられていない。日本でも、人の病気では現在は用いられていない。明治時代に制定された伝染病予防法は現在では感染症法になっている。ただし、家畜の世界では伝染病予防法というように現在でも用いられている。本書では歴史的な話の場合には伝染とし、ほかはすべて感染とした。伝達は病気をうつすことを指している。伝達性海綿状脳症は伝染病ではない。実験的に病気をうつせることから、このように命名されてきたいきさつがある。そこで実験的に病気をうつす場合には伝達の用語を用い、単純に病気の広がりを示す場合には伝播の用語を用いた。

なお、翻訳は前半14章までを山田が、15章以降を南條が担当し、意見交換して訳文を修正、最後に私が見て文章の意味、用語のチェックをおこなった。読者のご意見・ご批判をいただければ幸いである。

年	追　跡	科　学	反　撃
1996〜1997	正常プリオンタンパク質の立体構造（ウートリヒ、グロックシューバー）。		
1997	プルシナー、ノーベル賞受賞。		牛海綿状脳症と新型クロイツフェルト・ヤコブ病の病原体がきわめてよく似た性質をもっていることが示される。これを根拠として、牛海綿状脳症の病原体が人間にうつったという仮説が支持される。
1997〜2000	プリオンが腸から脳に達するにはリンパ系（とくに脾臓）の果たす役割が大きい。		
2000			■新型クロイツフェルト・ヤコブ病の輸血による感染が心配される。 ■イギリスにおける新型クロイツフェルト・ヤコブ病による死者数の予想（アンダーソン）。

年	追　跡	科　学	反　撃
1992〜1993	プリオン遺伝子を不活性化されたマウスはスクレイピーに強い抵抗性を示す。したがってプリオンタンパク質が病原体の主成分である（ワイスマン、プルシナー）。		
1990年代		核磁気共鳴（NMR）の技術が進歩し、高磁場高感度の装置がつくられたおかげでタンパク質の立体構造を詳しく調べることができるようになった。	
1993	正常プリオンタンパク質と異常プリオンタンパク質の構造の違い（前者はαらせん、後者はβシートを多く含む）（コーエン、プルシナー）。		
1994	■スクレイピーの「株」によって病原体の構造に差があることが実験によって初めて裏づけられる。 ■試験管のなかで、プロテイナーゼKに感受性を示す正常プリオンタンパク質が、異常プリオンタンパク質と混ぜ合わされることによってプロテアイナーゼKに抵抗性のタンパク質に変化した。しかし、変化後のタンパク質に感染力があることを証明するのは技術的に不可能。		
1996			イギリスで10人の若者が新型クロイツフェルト・ヤコブ病と診断される。原因はおそらく牛海綿状脳症の病原体を含む牛由来食品を食べたため（ウィルほか）。

年	追　跡	科　学	反　撃
1985	すべての哺乳動物がプリオン遺伝子をもっている。		■成長ホルモンによる治療を受けた若者に初めてクロイツフェルト・ヤコブ病が発生。 ■イギリスの牛にはじめて牛海綿状脳症が発生(病名がわかったのは2年後)。
1986～1988			ほとんどの国で下垂体由来成長ホルモンが中止され、遺伝子工学で合成されたホルモンが使われるようになる。
1987			牛海綿状脳症についての最初の学術論文（ウェルズ)。
1988			■牛海綿状脳症流行の原因は肉骨粉だった（ワイルスミス)。 ■イギリス政府による行政措置。
1989	家族性クロイツフェルト・ヤコブ病はプリオン遺伝子の変異の結果であることが初めて示される。		
1989～1990	異常プリオンタンパク質は正常プリオンタンパク質を異常プリオンタンパク質の形に変えるらしい。これが「死の接吻」である（ワイスマン、プルシナー)。		
1990～1992		マウスの胚において遺伝子を選択的に不活性化する技術の発達。	
1991			疫学研究によれば、牛海綿状脳症の病原体が肉骨粉を通じて牛にうつったのは、肉骨粉の製造過程で有機溶剤を使うことを中止したためらしい（ワイルスミス)。

年	追　跡	科　学	反　撃
1968	■ ヒツジのスクレイピーの伝染性の確認。 ■ クールーと同様にクロイツフェルト・ヤコブ病もチンパンジーにうつすことができた。この二つの病気とスクレイピーは「亜急性海綿状脳症」として分類される。 ■ マウスには、スクレイピーの病原体への感受性をつかさどる遺伝子があることが明らかになる。		
1973			フランスでヒト由来成長ホルモンの生産と供給が始まる。
1974			クロイツフェルト・ヤコブ病で初の医原性感染(角膜移植による)。
1975～1985		遺伝子工学の発展（クローン、遺伝子組み換え）。	
1976	ガイジュセックがノーベル賞受賞。		
1979	各国でのクロイツフェルト・ヤコブ病の年間罹患率は人口百万人あたり約一人。ヒトのクロイツフェルト・ヤコブ病の罹患率と、ヒツジのスクレイピーの罹患率とのあいだに相関関係はない。		
1980	クールーとクロイツフェルト・ヤコブ病が食物を通じてリスザルへうつされる。		モンタニエよりフランス脳下垂体協会へ回答書。
1982	■ スクレイピーの自然伝染はおそらく経口感染による（ハドロー)。 ■ スクレイピーの病原体はタンパク質に似た性質をもっている可能性が大。プルシナーによりプリオンと命名される。		

年	追　跡	科　学	反　撃
1941		酵素の遺伝子コード（ビードルとテータム）。	
1944		「形質転換」はＤＮＡによる。核酸が遺伝子の媒体となる。（エーブリーら）	
1953		ＤＮＡの構造解明（ワトソンとクリック）。分子生物学の登場。	
1955～1957	ジガスがパプア・ニューギニアのフォレ族にクールーを「発見」。		
1957	■ガイジュセックがジガスに会う。 ■クールーとクロイツフェルト・ヤコブ病の脳の病変が類似していることをクラッツオが指摘。		ヒトの脳下垂体からの成長ホルモンの精製に成功。
1959	クールーとスクレイピーの類似性をハドローが指摘。		ヒトの成長ホルモンによる脳下垂体性小人症の治療の開始。
1961	■スクレイピーの病原体に複数の「株」が発見される（パティソン、ミルソン）。 ■スクレイピーのマウスへの伝達実験、病原体の初の定量化（チャンドラー）。	遺伝子の機能発現の調節（ジャコブとモノー）。	
1963	ギブスとガイジュセック、クールーで死んだフォレ族の脳の抽出物をチンパンジーに接種。	酵素活性の調節（モノー、ワイマン、シャンジュー）。	
1966	■クールーがチンパンジーにうつる。 ■スクレイピーの病原体が電離放射線と紫外線に抵抗性をもつことが判明（アルパー）。		
1967	タンパク質は病原体になりうるか？（Ｊ．グリフィスの仮説）		

年　表

年	追　跡	科　学	反　撃
18世紀	ヒツジのスクレイピーについての最初の記述。		
1848		パスツール「立体化学」を創始。	
1860年代		メンデルが「遺伝子」を発見（命名は後日）。	
1870年代		パスツールとコッホによって、伝染病における細菌の役割が明らかになる。	
1898	ベノワによって、スクレイピーを発病したヒツジの神経細胞に「空胞」が存在することが発見される。		
1900～1920		遺伝学が始まり、遺伝の染色体説が唱えられる。	
1918	スクレイピーが自然状態で伝染する可能性が指摘される。		
1920～1923	クロイツフェルト・ヤコブ病の症例が初めて報告される。		
1931～1934			ゴードンによって跳躍病ワクチンの最初の実験が行なわれる。
1932		遺伝的な性質を変化させる「形質転換」がフレッド・グリフィスによって発見される。	
1936～1938	キュイエとシェルによって、スクレイピーの接種が可能である（伝達性）ことが示される。		
1937			跳躍病ワクチンの一部のロットでスクレイピーが流行する。

8 Woolhouse M. E. J., Coen P., Matthews L. et al.,《A centuries-long epidemic of scrapie in British sheep ?》, *Ttrends Microbiol.,* vol. 9, 2001, p. 67-70.（ウールハウス、コーエン、マシューズほか「イギリスの羊のスクレイピーは一世紀前から流行していた？」二〇〇一年『微生物学の潮流』九号所収）

9 この報告は次のインターネット・サイトで見ることができる。http://www.bse.org.uk/

10 この報告は次のインターネット・サイトで見ることができる。http://www.defra.gov.uk/animalh/bse/bseorigin.pdf

11 Enserink M.,《Is the U. S. doing enough to prevent mad cow disease ?》*Science,* 2001, vol. 292, p. 1639-1641（エンセリンク「合衆国の狂牛病予防は大丈夫か？」二〇〇一年『サイエンス』二九二号所収）

12 Cousens S., Smith P. G., Ward H., et al.,《Geographical distribution of variant Creutzfeldt-Jakob disease in Great-Britain, 1994-2000》, *The Lancet,* vol. 357, 2001, p. 1002-1005（カズンズ、スミス、ワードほか「イギリスにおける新型クロイツフェルト・ヤコブ病の地理的分布」二〇〇一年『ランセット』三五七号所収）

13 Valleron A.-J., Boelle P.-Y., Will R. and Cesbron J.-Y.,《Estimation of epidemic size and incubation time based on age characteristics of vCJD in the United Kingdom》, *Science,* vol. 294, 2001, p. 1726-1728（ヴァルロン、ボウル、ウィル、セスブロン「イギリスにおける新型クロイツフェルト・ヤコブ病の年齢特性にもとづく流行の規模と潜伏期間」二〇〇一年『サイエンス』二九四号所収）

Huillard d'Aignaux J. N., Cousens S. N. and Smith P. G.,《Predictability of the UK variant Creutzfeldt-Jakob disease epidemic》, *Science,* vol 294, 2001, p. 1729-1731（ユイヤール・デニョー、カズンズ、スミス「イギリスにおける新型クロイツフェルト・ヤコブ病の流行は予測できる」二〇〇一年『サイエンス』二九四号所収）

エピローグ

1 タンパク質は「プロテイン」なので「プロテイフォルム」との類似性が気になるが、じつはこれらの語源は同じではない。「プロテイフォルム」は1761年につくられた言葉で、古代ギリシアの神プロテウスに由来するが、「プロテイン」は1838年、化学者ベルゼリウスによってつくられ、生物の主要な成分をさすために、「第一」を意味するギリシア語「プロトス」からとられている。

p. 2026-2028（マイセン、レックル、グラツェルほか「プラスミノゲンは多種類の異常プリオンタンパク質と結合する」二〇〇一年『ランセット』三五七号所収）

2　Shaked G. M., Shaked Y., Kariv-Inbal Z. et al.,《A protease-resistant prion protein isoform is present in urine of animals and humans affected with prion diseases》, *J. Biol. Chem.* Vol. 276, 2001, p. 31479-31482（G. M. シェイクト、Y. シェイクト、カリヴ＝インバルほか「プリオン病にかかった動物や人間の尿にはタンパク質分解酵素抵抗性プリオンタンパク質が存在する」二〇〇一年『分子生物学ジャーナル』二七六号所収）

3　Saborio G. P., Permanne B. and Soto C.,《Sensitive detection of pathological prion protein by cyclic amplification of protein misfolding》, *Nature,* vol. 411, 2001, p. 810-813（サボリオ、ペルマン、ソト「折りたたみ異常タンパクの循環的増幅による病原性プリオンタンパク質の高感度検出」二〇〇一年『ネイチャー』四一一号所収）

4　Korth C., May B. C. H., Cohen F. E. et al.,《Acridine and phenotiazine derivatives as pharmacotherapeutics for prion disease》, *Proc. Natl. Acad. Sci. USA*, vol. 98, 2001, p. 9838-9841（コース、メイ、コーエンほか「プリオン病治療薬としてのアクリジンおよびフェノチアジン系誘導体」、二〇〇一年『アメリカ合衆国国立科学アカデミー会報』九八号所収）

5　Peretz D., Williamson R. A., Kaneko K. et al.,《Antibodies inhibit prion propagation and clear cultures of prion infectivity》, *Nature,* vol. 412, 2001, p. 739-743（ペレツ、ウィリアムソン、金子ほか「抗体はプリオンの増殖を阻害し、培養液の感染力を奪う」、二〇〇一年『ネイチャー』四一二号所収）

6　Heppner F. L., Musahl C., Arrighi I. et al.,《Prevention of scrapie pathogenesis by transgenic expression of anti-prion protein antibodies》, *Science,* vol. 294, 2001, p. 178-182（ヘップナー、ムザール、アリギほか「抗プリオンタンパク抗体の遺伝子組み換え発現によるスクレイピー発病の予防」二〇〇一年『サイエンス』二九四号所収）

Heppner F. L., Arrighi I., Kalinke U. et al.,《Immunity against prions?》, *Trends Mol. Med.,* vol. 7, 2001, p. 477-479.（ヘップナー、アリギ、カリンケほか「プリオンに対する免疫性？」二〇〇一年『分子医学の潮流』七号所収）

7　Kao R. R., Gravenor M. B., Baylis M. et al.,《The potential size and duration of an epidemic of bovine spongiform encephalopathy in British sheep》, *Science,* vol. 295, 2002, p. 332-335（カオ、グレーヴナー、ベイリスほか「イギリスの羊における牛海綿状脳症の流行について、考えられるその規模と期間」二〇〇二年『サイエンス』二九五号所収）

るしをつけたアミノ酸と混ぜて培養した細胞から抽出されたので、放射性である。この性質のおかげで、放射能をもたない異常プリオンタンパク質を加えたあとの経過を調べることができ、プロテイナーゼKに抵抗性になったことが確認された。だが残念なことに、この変化は異常プリオンタンパク質がかなり大量にないと観察されないため、たとえ正常プリオンタンパク質が感染性に変わったとしても、混合物の感染力の上昇に目に見えるような変化は期待できない。

3　少量体（オリゴマー）とは、少数の単量体（モノマー）で構成された小規模な重合体（ポリマー）のこと。

4　本書フランス語版の初版刊行後に出たいくつかの結果は、この二つめの仮説を支持している。Knaus K. J., Morillas M., Swietnicki W. et al.,《Crystal structure of the human prion protein reveals a mechanism for oligomerisation》, *Nature Struct. Biol*. Vol. 8, 2001, p770-774（クナウス、モリラス、スウィトニキほか「人間のプリオンタンパク質の結晶構造から少量体形成のメカニズムがわかる」二〇〇一年『ネイチャー構造生物学』八号所収）

26　〝敵〟は打ち負かされたか？

1　2000年12月なかば、牛海綿状脳症を短時間で検出する方法を開発するためにフランス食品衛生安全庁で試行された第一回検査の結果が発表された。それによると、検査された一万五千頭の牛のうち、千頭につき2.1頭が陽性だった。しかしこのサンプルはとくに危険度が高く、自然死したか、安楽死したか、事故があって緊急に屠畜された牛で、しかも二歳以上、牛海綿状脳症の発生件数がもっとも多い地方で飼われていた牛ばかりが集められていた。したがって食品流通経路に入りうる牛のなかで感染牛の占める割合はもっと低いはずである。同じころ『ネイチャー』に出た論文によれば、2000年の一年間でフランスの食品流通経路に入ったと考えられる感染牛はたかだか百頭くらいだという。百頭というと多い感じがするが、食肉用に屠畜される牛全体のなかで牛海綿状脳症の病原体をもっているのは一万頭のうちたった一頭にすぎない。

27　二〇〇一年

1　Fischer M. B., Roeckl C., Parizek P. et al.,《Binding of disease-associated prion protein to plasminogen》, *Nature*, vol. 408, 2000, p. 479-483（フィッシャー、レックル、パリツェクほか「異常プリオンタンパク質とプラスミノゲンの結合」二〇〇〇年『ネイチャー』四〇八号所収）

Maissen M., Roeckl C., Glatzel. et al.《Plasminogen binds to disease-associated prion protein of multiple species》, *The Lancet*, vol. 357, 2001,

2　Taylor D. M.,《Bovine spongiform encephalopathy and human health》, *Veterinary Records,* vol. 125, 1989, p. 413-415（テイラー「牛海綿状脳症と人間の健康」一九八九年『獣医学報』一二五号）

3　ミンクの海綿状脳症は1960年代から複数の農場で発生していた。ただちにスクレイピーと関連づけられ、餌としてあたえた肉に病原体が含まれており、それに感染したのではないかと考えられた。当時スクレイピーをもっていることがわかっていたのは羊だけだったので、病原体は羊からきたのだろうと推定された。しかしその後、羊の肉を食べたことがなく、牛の肉をあたえられていたミンクのあいだで病気が流行した。したがってこれらのミンクは牛起源の病原体に感染した可能性があり、そうだとすれば牛海綿状脳症はアメリカにも存在するということになる。だがミンクの餌には牛だけでなく野生のヘラジカの肉も使われ、野生のヘラジカにはスクレイピーに似た病気が存在することから、そちらが病原体の出所ではないかとの見方もある。

4　Britton T. C., Al-Sarraj S., Shaw C. et al.,《Sporadic Creutzfeldt-Jacob disease in a 16-year-old in the UK》, *Lancet,* vol. 346, 1995, p. 1155（ブリトン、アル＝サライ、ショウほか「散発性クロイツフェルト・ヤコブ病、十六歳のイギリス人少女の場合」一九九五年『ランセット』三四六号所収）

5　Will R. G., Ironside J. W. Zeidler M. et al.,《A new variant of Creutzfeldt-Jacob disease in the UK》, *Lancet,* vol. 347, 1996, p. 921-925（ウィル、アイロンサイド、ツァイドラーほか「イギリスにおける新型クロイツフェルト・ヤコブ病」一九九六年『ランセット』三四七号所収）

6 Anderson R. M., Donally C. A., Ferguson N. M. et al.,《Transmission dynamics and epidemiology of BSE in British cattle》, *Nature,* vol. 382, 1996, p. 779-788（アンダーソン、ドナリー、ファーガソンほか「イギリス牛における BSE の伝播様式と疫学」一九九六年『ネイチャー』三八二号所収）

24　変装の秘密

1　まず、15章の原注２で、異常プリオンタンパク質はプロテイナーゼKに完全に抵抗するわけではなく、これによってアミノ酸の鎖のごく一部が壊れるとのべたが、分解酵素で処理したあとのタンパク質のサイズの違いから、壊れた鎖の長さがすべてのプリオン株で完全に同じではないことがわかった。つぎに、プリオンタンパク質は「糖タンパク質」といって、アミノ酸の鎖の端に糖がついているが、この糖を鎖の片端につけている分子と、両端につけている分子の割合が株によって異なっていた。最後に、プリオン株をいろいろな抗体と相互作用させてみたところ、株による違いが観察された。

2　この実験にもちいられた正常プリオンタンパク質は、放射性同位体でし

Kreutzfeldt と綴られている。このことから、当時、ウイルス学者のあいだでこの病気がいかに知られていなかったかが推察される。

3　《Ban of growth hormone》, *Lancet,* i, 1985, p. 1172（論説「成長ホルモン禁止令」一九八五年『ランセット』所収）

20　悲劇の教訓

1　Brown P., Gajdusek C. D., Gibbs D. J. Jr. and Asher D.,《Potential epidemic of Creutzfeldt-Jakob disease from human growth hormone therapy》, *New England Journal of Medecine,* vol. 313, 1985, p. 728-731（ブラウン、ガイジュセック、ギブス、アッシャー「ヒト成長ホルモン治療によるクロイツフェルト・ヤコブ病の潜在的流行」一九八五年『ニューイングランド医学ジャーナル』三一三号所収）

21　狂った、牛が？

1　Siderius C., *L'Alimentation des animaux domestiques, formulaires de rations,* Baillière, Paris, 1893, p. 30（シデリウス『家畜の餌のあたえ方』バイエール社、一八九三年）

2　Morgan K. L., Nicholas K., Glover M. J. and Hall A. P.,《A questionnaire survey of the prevalence of scrapie in sheep in Britain》, *Veterinary Records,* vol. 127, 1990, p. 373-376（モーガン、ニコラス、グローヴァー、ホール「イギリス産羊におけるスクレイピーの有病率アンケート調査」一九九〇年『獣医学報』一二七号所収）

3　1883年、オート＝ガロンヌ県のサラデという獣医師によって「牛のスクレイピー症状」という論文が発表されており、これが当時すでに牛海綿状脳症が存在していた証拠とみなされることがある。しかし臨床症状（おもに尾の付け根のかゆみ）は羊のスクレイピーを思わせるものの、今日知られている牛海綿状脳症の症状とは異なっている。また病気の経過（２週間）も牛海綿状脳症にしては驚くほどはやい。したがってサラデが報告しているこの病気が本当に牛海綿状脳症だったのかどうかは疑問である。もしかしたら今日の病気とは症状が異なる牛海綿状脳症の一種だったのかもしれないが（ほかの種における伝達性亜急性海綿状脳症の臨床像の多様性を考えると、そういうことがあってもふしぎではない）、まったく別の病気だった可能性もある。

22　牛から人間へ

1　Holt T. A. and Philips J.,《Bovine spongiform encephalopathy》, *British Medical Journal,* vol. 296, 1988, p. 1581-1582（ホールト、フィリップス「牛海綿状脳症」一九八八年『イギリス医学ジャーナル』二九六号所収）

(マスター、ハリス、ガイジュセックほか「クロイツフェルト・ヤコブ病：世界規模の発病パターンと家族性および散発性にみられる頻発現象の意味」一九七九年『神経学報告』五号所収)

15　プリオン

1　Prusiner S. B.,《Novel proteinaceous infectious particles cause scrapie》, *Science*, vol. 216, 1982, p. 136-144 (プルシナー「タンパク質性感染粒子がスクレイピーの原因だ」一九八二年『サイエンス』二一六号所収)

2　のちになって、プリオンタンパク質は、これらの条件のもとでタンパク質分解酵素を加えたときにまったく壊れなかったわけではなく、アミノ酸の鎖の片方の先端部がわずかにちぎれていたことがわかった。しかし壊れずに残った部分にはプリオンと同じ感染力があった。

16　一九八五年四月

1　Brown P.,《Human growth hormone therapy and Creutzfeldt-Jakob disease : a drama in three acts》, *Pediatrics*, vol. 81, 1988, p. 85-92 (ブラウン「ヒト成長ホルモン治療とクロイツフェルト・ヤコブ病の三幕劇」一九八八年『小児科学』八十一号所収)

2　Wells G. A. H., Scott A. C., Johnson C. T. and al.,《A novel progressive spongiform encephalopathy in cattle》, *Veterinary Records*, vol. 121, 1987, p. 419-420 (ウェルズ、スコット、ジョンソンほか「牛の亜急性海綿状脳症」一九八七年『獣医学報』一二一号所収)

18　自然発生説の仕返し

1　硬膜は脳を覆っている比較的丈夫な膜である。脳外科手術のときに切除した箇所にあてるため、死体から採取された硬膜が使われていた。この硬膜移植は成長ホルモン投与と同じくクロイツフェルト・ヤコブ病の感染を引き起こし、比較的多数の感染者を出した (2000年7月までで合計114人)。患者はとくに日本に多い。

2　この病気を報告した1936年の論文にはゲルストマン、シュトロイスラーのほかにシャインカーの名も載っているが、今日これは省略されるのがふつうである。

19　大きくなって死ぬ

1　この回答書は1992年12月、社会事業調査団によって公開された報告書『成長ホルモンとクロイツフェルト・ヤコブ病』の付帯資料に掲載されている。少しあとに引用されているフランス脳下垂体協会の理事会議事録も同様。

2　モンタニエの手紙では「クロイツフェルト」が Creutzfeldt ではなく

10　崩れ落ちた壁

1　Hadlow W. J.,《Scrapie and kuru》, *Lancet,* ii, 1959, p. 289-290（ハドロー「スクレイピーとクールー」一九五九年『ランセット』）

11　真珠の首飾りから二重らせんへ

1　Watson J. D. and Crick F. H. C.,《A structure for deoxyribose nucleic acid》, *Nature*, vol. 171, 1953, p. 737-738（ワトソン、クリック「DNA（デオキシリボ核酸）の構造」一九五三年『ネイチャー』一七一号）

12　姿なきウイルス

1　Alper T., Haig D. A. and Clarke M. C.,《The exceptionally small size of the scrapie agent》, *Biochemical and Biophysical Research Communications,* vol. 22, 1966, p. 278-284（アルパー、ヘイグ、クラーク「極度に小さいスクレイピーの病原体」一九六六年『生化学・生物物理研究通信』二二号所収）
2　Griffith J. S.,《Self replication and scrapie》, *Nature,* vol. 215, 1967, p. 1043-1044（グリフィス「自己複製とスクレイピー」一九六七年『ネイチャー』二一五号所収）

13　悲劇の幕が上がる

1　脳下垂体、甲状腺、膵臓などの内分泌腺は、体内の体液（血液やリンパ液）中にその分泌物を放出する。逆に、唾液腺や乳腺などの「外」分泌腺は体外に放出される。

2　Raben m. S.,《Preparation of growth hormone from the pituitaries of man and monkey》, *Science*, vol. 125, 1957, p. 883-884（レーベン「人間とサルの脳下垂体からの成長ホルモン分離」一九五七年『サイエンス』一二五号所収）
3　Milner R. D. G., Russel-Fraser T., Brook C. D. G. et al.,《The experience with human growth hormone in Great Britain. The report of the MRC working party》, *Clinical Endocrinology,* vol. 11, 1979, p. 15-38（ミルナー、ラッセル＝フレイザー、ブルークほか「イギリスにおけるヒトの成長ホルモン投与実験。MRC 研究委員会報告」一九七九年『臨床内分泌学』一一号）

14　確率は百万分の一

1　Masters C. L., Harris J. O., Gajdusek D. C. et al.,《Creutzfeldt-Jacob disease : patterns of worldwide occurence and the significance of familial and sporadic clustering》, *Annals of Neurology*, vol. 5, 1979, p. 177-188

2　Bertrand I., Carré H. et Lucam F., 《La tremblante du mouton》, *Recueil de Médecine Vétérinaire,* vol. 113, 1937, p. 586-603（ベルトラン、カレ、リュカン「羊のスクレイピー」一九三七年『獣医学論文集』一一三巻所収）
3　ウイルスによって脳に病巣ができた羊は、奇妙な跳躍のような動作をするようになる。
4　Gordon W. S., 《Adcences in veterinary research. Loupong-ill, tick-borne fever and scrapie》, *Veterinary Records,* vol. 58, 1946, p. 516-520（ゴードン「跳躍病、ダニ伝播熱、そしてスクレイピーの獣医学研究の発展」一九四六年『獣医学報』五八号所収）

7　山羊とマウスも

1　Chandler R. L., 《Encephalopathy in mice produced by inoculation with scrapie brain material》, *Lancet,* 1961, i, p. 1378-1379（チャンドラー「スクレイピーの脳の抽出物を接種したマウスの脳症」一九六一年『ランセット』）

9　フォレ族のクールー

1　Zigas V., *Laughing Death. The untold story of kuru*, Humana Press, Clifton, New Jersey, 1990, p. 1（ジガス『笑う死神。クールーのこれまで伝えられなかった話』一九九〇年、ハマナ・プレス）
2　Mac Arthur J. R., cité dans : Zigas V. et Gajdusek D. C., 《Kuru : clinical study of a new syndrome resembling paralysis agitans in natives of the Eastern Highlands of Australian New Guinea》, *The Medical Journal of Australia*, vol. 2, 1957, p. 745-754（ジガス、ガイジュセック「クールー：オーストラリアのニューギニア東高地の部族における振戦麻痺に似た新しい症候群の臨床研究」一九五七年『オーストラリア医学ジャーナル』二号所収）
3　同上、一三〇頁
4　同上、一四二～一四四頁
5　同上、二二六頁
6　Gajdusek D. C. and Zigas U., 《Degenerative disease of the central nervous system in New Guinea-The endemic occurrence of " kuru " in the native population》, *New England Journal of Medecine*, vol. 257, 1957, p. 974-978（ガイジュセック、ジガス「ニューギニアの中枢神経系変性疾患――原住民に見られる〝クールー〟の風土病的発病」一九五七年『ニューイングランド医学ジャーナル』二五七号所収）

p. 536-538（ベノワ、モレル「羊のスクレイピーの神経病変についての覚書き」一八九八年『生物学会報告集』五巻所収）
3　Benois C.,《La tremblante ou névrite périphérique enzootique du mouton》, *Revue Vétérinaire*, vol. 24, 1899, p. 333-343（ベノワ「スクレイピー、あるいは、羊の動物地方病的な末梢神経炎」一八九九年『獣医学誌』二四巻所収）
4　Stockman S.,《Scrapie : an obscure disease of sheep》, *Journal of Comparative Pathology and Therapeutics*, vol. 26, 1913, p. 317-327（ストックマン「スクレイピー、羊の解しがたい病」一九一三年『比較病理学と治療学雑誌』二六巻所収）

5　クロイツフェルト、ヤコブ、そして、その他の研究者

1　Creutzfeldt H. G.,《Über eine eigenartige herdförmige Erkrankung des Zentralnervensystems》, *Monographien aus dem Gesamtgebiete der Nerrogie und Psychiatrie,* vol. 57, 1920, p. 1-18（クロイツフェルト「中枢神経系のある特殊な病変を示す病気について」一九二〇年『神経学及び精神病学の全領域からの論集』五七号所収）
2　Jakob A.,《Über eigenartige Erkrankung des Zentralnervensystem mit bemerkenswertem anatomischen Befunde (Spastische Pseudosklerose-encephalomyelopathie mit disseminierten Degenerationsherden)》, *Monographien aus dem Gesamtgebiete der Neurologie und Psychiatrie*, vol. 64, 1921, p. 147-228（ヤコブ「中枢神経系の顕著な解剖的所見を伴うある特殊な病気について（伝染性変性病変をもつ痙攣性の擬似硬化症-脳髄症）一九二一年『神経学及び精神病学の全領域からの論集』六四号所収）
3　Spielmeyer W.,《Die histopathologische forschung in der psychiatrie》, *Klinische Wochenschrift,* vol. 1, 1922, p. 1817-1819（シュピールマイヤー「精神病学における組織病理学的研究」一九二二年『週刊臨床』一号所収）
4　Katscher F.,《It's Jakob's disease, not Creutzfeldt's》, *Nature,* vol. 393, 1998, p. 11（カッシャー「これはクロイツフェルト病ではなくヤコブ病である」一九九八年『ネイチャー』三九三号所収）

6　スクレイピーを実験的にうつす

1　Cuillé J. et Chelle P-L.,《La maladie dite tremblante du mouton est-elle inoculable ?》, *Comptes Rendus à l'Académie des Sciences,* (Série D) vol. 203, 1936, p. 1552-1554（キュイエ、シェル「羊のスクレイピーと呼ばれる病気は接種しうるか？」一九三六年『科学アカデミー報告集』D集二〇三巻所収）

の原因について」一八四八年『科学アカデミー報告集』二六巻所収）

2　分子と細菌

1　Pasteur L., *Examen critique d'un écrit posthume de Claude Bernard sur la fermentation*, Gauthier-Villars, Paris, 1879. Cité dans : *Œuvres de Pasteur*, tome 2, Masson, Paris, p. 547（パスツール「クロード・ベルナールの死後刊行された発酵についての論文の考証実験」一八七九年、ゴチエ゠ヴィラール社刊、『パスツール全集』二巻、マッソン社刊より引用）
2　Duclaux É., *Pasteur. Histoire d'un esprit*, Masson, Paris, 1896, p. 363（デュクロ『パスツール。ある知性の経歴』一八九六年、マッソン社刊）

3　ミミズと狂犬

1　Roux É., 《L'œuvre médical de Pasteur》, *Agenda du chimiste,* 1896. Cité par Duclaux É. *in Pasteur. Histoire d'un esprit,* Masson, Paris, 1896, p. 355-356（ルー「パスツールの医学論文」一八九六年、『化学者の手帳』。デュクロ『パスツール。ある知性の経歴』一八九六年、マッソン社刊より引用）
2　Nocard E., cité par Nicol L. *in L'Épopée pastorienne et la médecine vétérinaire,* chez l'auteur, 1974, p. 429（ニコル『パスツールの偉業と獣医学』一九七四年に掲載されたノカールの文章）
3　Bouley H., *Recueil de Médecine Vétérinaire*, vol. 51, 1874, p. 5.（ブレー『獣医学論文集』五一巻、一八七四年）
4　Tabourin F., 《Sur la spontanéité et la contagion des maladies》, *Recueil de Médecine Vétérinaire,* vol. 51, 1874, p. 263-291（タブラン「病気の自然発生と伝染について」一八七四年『獣医学論文集』五一巻所収）
5　Tabourin F., 《Des générations dites *spontanées* et de leurs rapports avec les maladies parasitaires, infectieuses et virulentes》, *Recueil de Médecine* Véterinaire, vol. 55, 1878, p. 609-615（タブラン「いわゆる自然発生、および、その寄生虫病、感染症、ウイルス病との関連」一八七八年『獣医学論文集』五五巻所収）

4　顕微鏡から見たスクレイピー

1　Girard J., 《Notice sur quelques maladies peu connues des bêtes à laine》, *Recueil de Médecine Vétérinaire*, vol. 7, 1830, p. 26-39（ジラール「知られざる羊の病気についての概略」一八三〇年『獣医学論文集』七巻所収）
2　Besnoit C. et Morel C., 《Note sur les lésions nerveuses de la tremblante du mouton》, *Comptes Rendus de la Sociéte de Biologie*, vol. 5, 1898,

原　注

1　ヒツジたちの奇妙なめまい

1　Mathieu M.,《Quelques mots sur la question ovine. Vente de béliers à Grignon》, *Recueil de Medécine Vétérinaire,* vol. 53, 1879, p. 804-808（マチュー「ヒツジの問題についての覚書き。国立グリニョン高等農学校への雄ヒツジの売却」一八七九年『獣医学論文集』五三巻所収）

2　Comber T., *Real improvements in agriculture*（*on the principles of A. Young Esq.*）. *Letters to Reade Peacock, Esq. and to Dr Hunter, Physician in York, concerning the rickets in sheep,* Nicoll, London, 1772, p. 73-83（コマー「農業における現実改善策（A. ヤング氏の原則で）。リード・ピーコック氏とヨークの医師ハンター博士への羊のくる病に関する手紙」一七七二年、ニコル社刊）

3　*Journal of the House of Commons,* vol. 27, 1755, p. 87（著者不詳『下院雑誌』一七七五年二七巻所収）。なお、Davis, T., *General view of the agriculture of Wiltshire,* Phillips, London, 1811, p. 145-146（デーヴィス『ウィルトシャーの農業の展望』一八一一年、フィリップス社刊）も参照のこと。

4　Bertrand I., Carré H. et Lucam F.,《La tremblante du mouton》, *Recueil de Médecine Vétérinaire,* vol. 113, 1937, p. 540-561（ベルトラン、カレ、リュカン「ヒツジのスクレイピー」一九三七年『獣医学論文集』一一三巻所収）

5　Schmalz,《Observations relatives au rapport de M. Lezius, sur le vertige des moutons》, *Bulletin des Science Agricoles et Économiques,* vol. 7, 1827, p. 217-219（シュマルツ「羊のめまいについて、レツィウス氏の報告に関する考察」一八二七年『農学と経済学紀要』七巻所収）

6　Roche-Lubin,《Mémoire pratique sur la maladie des bêtes à laine connue sous les noms de prurigo-lombaire, convulsive, trembleuse, tremblante, etc.》, *Recueil de Médecine Vétérinaire,* vol. 25, 1848, p. 698-714（ロシュ＝リュバン「腰部痒疹、痙攣症、震え症、痙攣病等の名で知られるヒツジの病気についての研究報告」一八四八年『獣医学論文集』二五巻所収）

7　Pasteur L.,《Sur la relation qui peut exister entre la forme cristalline et la composition chimique, et sur la cause de la polarisation rotatoire》, *Comptes Rendus à l'Académie des Sciences,* vol. 26, 1848, p. 535-538（パスツール「結晶の形と化学組成のあいだに存在しうる関係、ならびに、旋光性

訳者紹介　南條郁子　お茶の水女子大学理学部数学科卒業。主な訳書にフランソワーズ・バリバール『アインシュタインの世界』(創元社)、マリア・カルメラ・ベトロ『図説ヒエログリフ事典』(創元社) など。

山田浩之　学習院大学文学部フランス文学科卒業。翻訳家。主な訳書にジャン・カリエール『森の中のアシガン』(青山出版社)、クリスチャン・ジャック『太陽の王ラムセス』(角川書店) など。

なぜ牛は狂ったのか

2002年5月31日　第1刷発行
2002年9月13日　第2刷発行

著者……………………………マクシム・シュワルツ

監修……………………………山内一也

訳者……………………………南條郁子・山田浩之

発行所…………………………株式会社紀伊國屋書店
東京都新宿区新宿3-17-7

出版部(編集)03(5469)5919
ホールセール部(営業)03(5469)5918
〒150-8513　東京都渋谷区東3-13-11

印刷・製本………………中央精版印刷

ISBN4-314-00913-6 C0040
Printed in Japan
定価は外装に表示してあります
Translation Copyright © 2002 Kazuya Yamanouchi, et al.,
All rights reserved.

紀伊國屋書店

ゲノムを読む 人間を知るために 〈科学選書・20〉
松原謙一、中村桂子
ゲノム解読の先にあるものとは？「ヒトゲノムプロジェクト」立ち上げ時のリーダーが書き下ろす、その全体像、問題の所在、将来のゆくえ
四六判／２２８頁・本体価１７４８円

ゲノムが語る23の物語
マット・リドレー
中村桂子、斉藤隆央訳
ゲノム解読の驚異の事実が人間観を根底から揺るがす。23対の染色体で見つかった新発見の遺伝子が織りなす物語。ミステリーより面白い。
四六判／４２８頁・本体価２４００円

新版 **自然界における左と右**
M・ガードナー
坪井、藤井、小島訳
著名なサイエンス・ライターであるガードナーが「左と右」の話題を縦横無尽に扱いつつ、科学のおもしろさを語るベストセラーの大改訂版。
A５判／５０４頁・本体価３３９８円

脳の方程式 **いち・たす・いち**
中田　力
脳科学に待望のパラダイムが現れた。複雑系から脳の謎解きへ。脳が意識や心、創造性をつくる大いなる謎がここに解き明かされる！
四六判／１５４頁・本体価１８００円

泡のサイエンス シャボン玉から宇宙の泡へ
シドニー・パーコウィッツ
はやしはじめ、はやしまさる訳
泡ほど謎に満ちて不思議なものはない。ビール、シャボン玉、波の泡、量子泡に泡宇宙……泡の素晴らしい多様性の世界への道案内。
四六判／２２４頁・本体価１８００円

利己的な遺伝子 〈科学選書・9〉
R・ドーキンス
日高敏隆、他訳
動物の社会行動を「利己的遺伝子」の生き残り戦略として明快に説いてみせ、社会生物学論争で世界の注目を集めた世界的ベストセラー。
四六判／５６０頁・本体価２７１８円

表示価は税別です